工业产品

手绘与创新设计表达
从草图构思到产品的实现

马赛 编著

U0212617

人民邮电出版社
北 京

图书在版编目（CIP）数据

工业产品手绘与创新设计表达：从草图构思到产品
的实现 / 马赛编著. -- 北京：人民邮电出版社，
2017.12
ISBN 978-7-115-46727-0

Ⅰ. ①工… Ⅱ. ①马… Ⅲ. ①工业产品－产品设计－
绘画技法 Ⅳ. ①TB472

中国版本图书馆CIP数据核字(2017)第210496号

内 容 提 要

本书结合作者多年从事工业设计工作的经验与手绘教学经验，探索出简洁易懂的学习方法。全书共分
为 9 部分，内容讲解循序渐进，从手绘基础到手绘技能提升，再到如何在设计中运用手绘，详细解析手绘
在工业产品设计中的作用。读者在掌握手绘技法的同时，还能理解创新设计思维。

全书还结合成功上市的产品设计案例，详细讲述在整个工业产品设计开发流程中设计手绘的重要性，
以及在前期设计草图的每个阶段手绘应该充当的角色，使更多的工业设计爱好者全面地了解产品是如何通
过最初的草图概念一步一步实现的。

本书附赠学习资源，包括 5 种材质的绘制视频和 6 种有代表性产品的设计教学视频，近 160 分钟，辅
助读者学习。

本书适合工业设计手绘初学者、工业产品设计师、在校学生临摹和学习，也可作为手绘培训机构和工
业设计院校的教学用书。

◆ 编　著　马　赛
责任编辑　张丹阳
责任印制　陈　犇

◆ 人民邮电出版社出版发行　北京市丰台区成寿寺路 11 号
邮编　100164　电子邮件　315@ptpress.com.cn
网址　http://www.ptpress.com.cn
北京九天鸿程印刷有限责任公司印刷

◆ 开本：787×1092　1/16
印张：15　　　　　　　2017 年 12 月第 1 版
字数：326 千字　　　　2024 年 8 月北京第 16 次印刷

定价：99.90 元

读者服务热线：(010)81055410　印装质量热线：(010)81055316
反盗版热线：(010)81055315
广告经营许可证：京东市监广登字 20170147 号

序

目前世界进入全球化合作进程，作为已被提升至国家战略高度的工业设计行业，其重要性已被越来越多的企业与社会大众所认知，毋庸置疑地成为了中国制造业转型升级的关键力量之一。

随着电脑技术的不断发展，各种为实现逼真效果的工业设计软件，已被广泛地运用在了各个设计环节之中，越来越多的国内设计师已熟练掌握了将效果图表现得栩栩如生的技法，表现效果甚至超越了国外的同行。在为产业能力不断提升而欣喜的同时，我们也时刻需要反思工业设计的本源，探究设计的目的和实质是在何处。抛却表面的浮华，设计本质是为解决某种问题提出的一种或一系列的方式和途径。而这种方式和途径中所包含的独特的、富有美感的、令人愉悦并能有效解决问题的卓越思想，才是设计本身的精髓所在。因此当我们以提炼思想的角度去看，会发现看似原始技能的手绘，反而是最高效且随手可得的一种表现设计师思想的方式和工具，其价值也应远远超越所绘图像本身，而且在于它是像语言一样承载思维的载体。

本书作者马赛与我共事多年，他出色的设计思考能力、造型能力以及对复杂设计问题的解决能力，一直为同事、同行与客户所称道。在渲染软件大行其道的现在，马赛对手绘表现技能的研究和探索，是尤为难得和珍贵的。我认为，无论设计者有多么高的成就，都应当回归到起点，应当时时提醒自己为何而设计，设计承载的又是什么。当我们重新看待手绘这门学科时，也应跳出技能本身而用更本源的角度去审视它，将手绘中的每一种技法都视为思想的舞蹈，灵感的火花，视为设计师的魔法精灵，能帮助设计者不断输出伟大而卓越的思想，为设计世界创造更多的绚烂与精彩。

郑斌

Innozen意臣工业设计公司 联合创始人兼设计总监

前言

首先要感谢人民邮电出版社的邀约，让我有幸编写这本工业产品设计手绘教程图书，能够借此书分享一下本人学习手绘的心得，以及对工业产品设计的理解。

手绘是设计师记录创意的一种方式，通过手绘可以将脑海中模糊的概念和设计思维表现出来，进行推敲、演化，最终将创意呈现给他人。在练习手绘的同时，更重要的是设计思维的运用，本书结合我多年工业产品设计手绘教学经验及设计工作经验，帮助初学者们找到学习手绘的捷径，使大家可以更好地将手绘技能应用于设计中。本书将系统的学习内容分为9章，从手绘基础，到手绘技能提升，再到手绘在设计案例中的运用这一过程，对手绘在工业产品设计中所扮演的角色及作用进行了详细的解析。

在当今软件技术快速发展的背景下，表现效果更佳的二维渲染软件方式逐渐代替了传统的纸笔手绘方式。我认为两者各有优势，传统的纸笔手绘方式在设计的"头脑风暴"阶段起着至关重要的作用，能够快速记录设计师的想法，便于设计师之间的相互交流；而二维渲染软件的效果表现，有着丰富的色彩效果与精细的细节，更偏重于后期效果图的绘制，便于设计师与客户之间的沟通。在本书教学中，手绘侧重于在设计中的运用，手绘不只是一种技巧，也是一种训练设计思维的方法。通过手绘推动设计思维，再运用设计思维来指导手绘，两者相辅相成，不断地提高设计师的造型能力和设计思维能力。

用心造物，设计是件很愉快的事！从初级设计师到创意总监，我一直秉持着对设计的热爱，坚持在一线从事设计工作，在设计过程中运用美学的设计法则，并通过师法自然的草图推敲，追求"0到1"的原创设计，创造出让客户及消费者满意的产品。这个过程对我来说充满挑战和期待。希望本书能够帮助和引导刚踏入设计领域的工业设计爱好者正确地学习手绘技巧。希望大家坚持自己的初衷，在设计道路上共勉！

另外，本书附赠教学资源，扫描右侧二维码即可获取下载方式。

目录

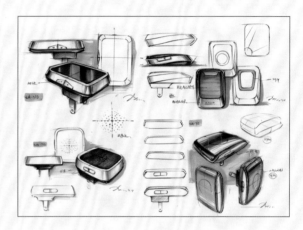

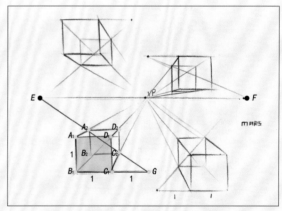

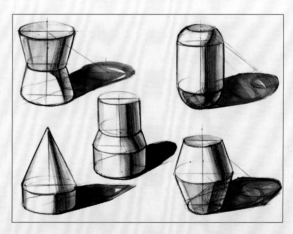

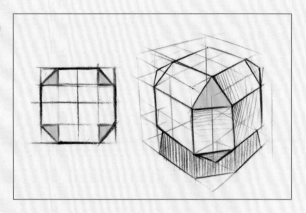
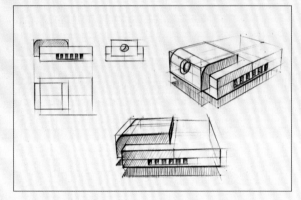
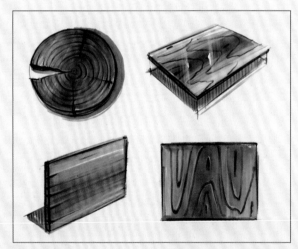

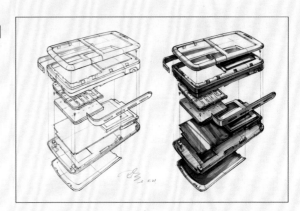

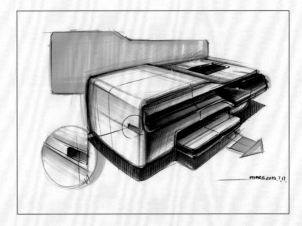

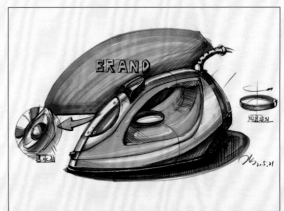

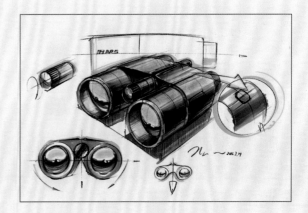

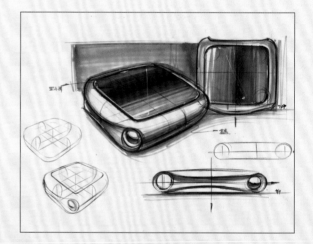

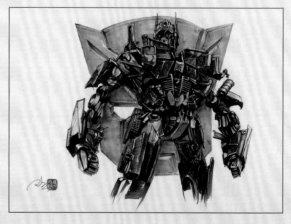

01

认识工业产品设计手绘

在计算机软件快速发展的今天，很多设计师都会通过软件，绘制一些完整的、结构清晰的效果图，提供给客户查看。这种做法忽视了前期草图的存在，尤其是在更新较快的电子产品行业，快速抄袭、模仿，几乎已经失去了设计的原创性。但作为一个设计师，具备思考的独立性、原创性是从事本行业可持续发展的动力与源泉。由此看来，设计前期除了调研以外，设计草图尤为重要。

1.1 重新了解工业产品设计手绘

近年来我国的工业设计进入了一个高速发展的阶段，所涵盖的各方面领域也随之发生了很大的变化。电脑技术的发展更加提高了产品在设计阶段的工作效率。迅速发展的电脑绘图技术代替了传统手绘的很多职能，那么我们该如何重新了解和定义工业产品设计手绘呢？

第1点： 工业产品设计手绘是设计师运用其技能，将创意构思方案从无形到有形，从抽象到具象的过程，更加简明、生动的设计手法是设计师与客户沟通的桥梁。

第2点： 在产品构思方案中，设计师可以通过手绘表现来修正自己的设计方案，使产品更加美观、实用。设计手绘是启发创意灵感和自我培养设计思路的重要方法。

第3点： 产品设计手绘的表现风格各式各样，呈现出来的是设计师对产品的一种认识、一种精神追求。从某种意义上来说产品设计手绘就是设计师的一种自我价值实现。

第4点： 在电脑技术越来越发达的当今时代，手绘依然是设计师表达个人创意和与他人交流最直接、最方便的方式。

1.2 工业产品设计手绘的类别与应用

工业产品设计手绘是工业产品设计开发过程中的最初阶段，主要分为4大类：构思性草图、理解性草图、结构性草图和最终效果草图。下面以一款无线门铃为例，向大家介绍一下。

1.2.1 构思性草图

构思性草图又称概念性草图，是指在设计之初，设计师在"头脑风暴"过程中对最初灵感和想法的记录。在这个阶段，设计师并不用考虑产品的透视关系、明暗关系、细节表现及使用的工具等，主要是通过线稿推敲出产品的大致外形，产生大量的创意，不断进行推敲和改进，选定可继续深入的方案。

1.2.2 理解性草图

　　理解性草图是对概念性草图的进一步深化，主要是对选定的草图方案进一步优化，可以简单上色，并赋予说明文字，推敲出不同的视角，描绘出产品的细节，便于设计师之间的交流，减少设计理解上的误差。

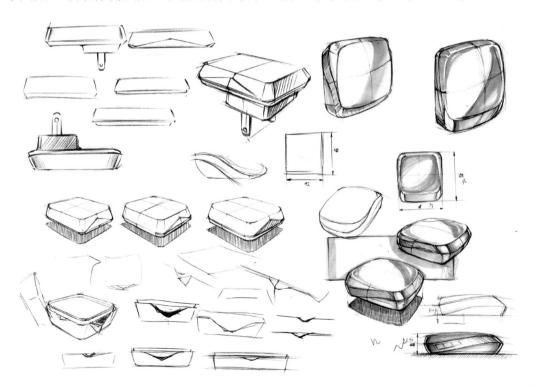

1.2.3 结构性草图

结构性草图的主要目的是表达产品的特征、结构、部件之间的组合方式，以便设计师和结构师对产品的可实现性研究、探讨，要求透视准确，体现形态主要的结构线、分模线、装配方式，可以将其理解为产品的拆解图或爆炸图。

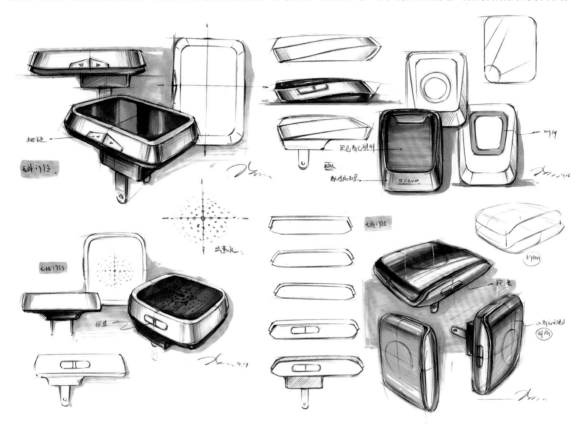

1.2.4 最终效果草图

最终效果草图是对方案草图阶段的总结，主要是设计师用于方案筛选的一种表现形式。便于设计师向公司决策者和客户阐明设计特点，进行最终决策。随着计算机科技的进步，计算机辅助工业设计的普及，最终效果图的表达已不局限于手绘表达。设计师应根据设计周期及客户的需求，进行选择性的使用。

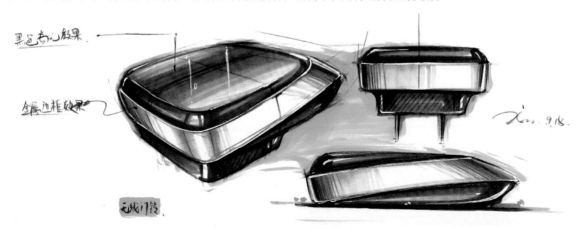

1.3 学习工业产品设计手绘的建议

前面对工业产品设计手绘进行了基本的介绍，那么我们该如何学习呢？

第1点： 要有系统的学习方法。

通常的学习方法大概分为临、写、默、创等4个要素。

① 临：临摹他人的好作品，从中提炼出好的手绘技法，同时还能提高自己的审美观察力。

② 写：对优秀的产品进行写生，这样不仅有助于探讨和理解该产品的设计手法，还能将所学的美术知识运用于实践，而且也能提升造型能力。

③ 默：默写他人优秀的手绘作品，能够增强个人记忆和对产品形体结构的理解，在创作过程中起到引导和启发的作用。

④ 创：创造自己的方案，这个过程十分重要，也是众多设计师最终必须掌握的方法，此过程与设计师个人的构思方案相辅相成，是产品设计手绘运用的最终表现。

第2点： 要有学习产品设计手绘的毅力和兴趣。

经常有做设计的朋友向我寻求练习手绘的捷径，我的回答是，除了掌握基本的学习方法以外，最重要的是你是否有学习手绘的兴趣和毅力，如果你喜欢手绘并主动用大量的时间及精力去学习其必备的技法，然后不断去完善自己，那么就一定会有收获。

第3点： 要理解产品设计手绘的本质。

产品设计手绘并不是艺术，它是一门技能，是可以通过系统的方法学到的。掌握该方法后，你的作品会有自己的一个"烙印"，不会抹去。既然是技能，那就是为设计服务，通过设计手绘来表达你真正的设计构思。

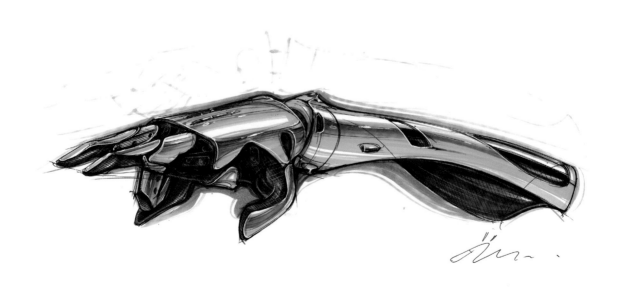

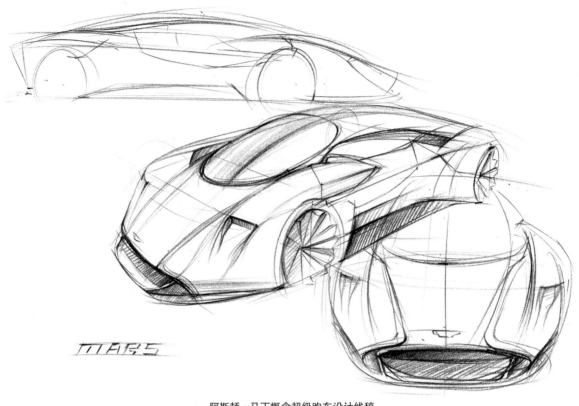

阿斯顿·马丁概念超级跑车设计线稿

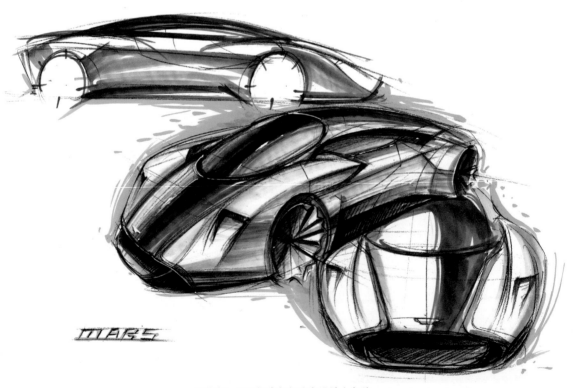

阿斯顿·马丁概念超级跑车设计上色稿

02

工业产品设计手绘基础知识

在本章将为大家介绍工业产品设计手绘的基础知识，主要包括对绘图工具的认识，对透视及基本线、面、体的绘制，这些对于手绘的学习至关重要。正确的透视有助于设计手绘技能的提高，扎实的线条把控能力能使设计手绘图更具观赏性。

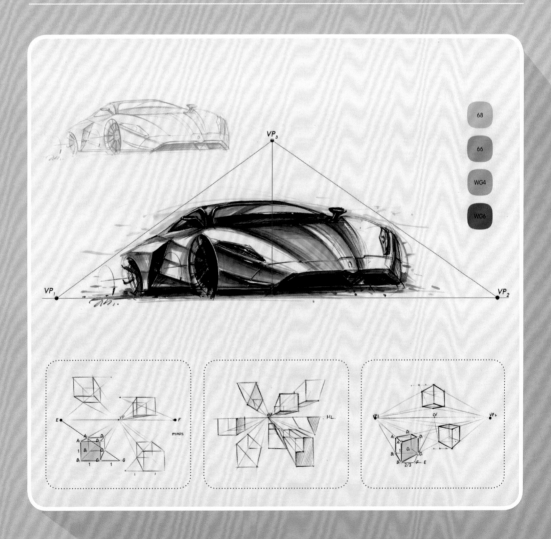

不同的绘图工具有不同的特性，所绘制出来的效果也各不相同。了解常用绘图工具是设计师必须要掌握的基础能力。

2.1.1 线稿绘制工具介绍

1. 彩色铅笔介绍

彩色铅笔简称"彩铅"，分为水溶性与油性两种类型。彩铅能很好地表现画面质感，常见的品牌有辉伯嘉、马克、中华等。在手绘线稿中，常以黑色彩铅为主。以辉柏嘉彩铅为例，型号为499的水溶性彩铅，笔芯较软，在绘制线条时明暗跨度较大，表现效果强；型号为399的油性彩铅，笔芯较硬，在绘制线条时明暗跨度较小。

黑色彩铅

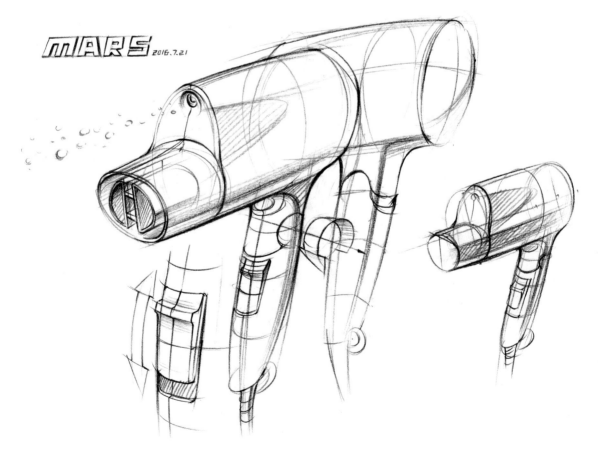

黑色彩铅表达效果

2. 中性笔

中性笔的绘画效果无明暗对比，线条的变化比较单一，绘制线条过程中要求设计师具有较强的把控能力。设计师在使用该工具时，多用于快速表达创意构思。

中性笔

中性笔表达效果

3. 圆珠笔

圆珠笔在设计过程中也较为常见，线条流畅性强，表现细腻，但要求设计师对线条有较强的把控能力。同时圆珠笔线稿在马克笔上色时容易串色，会造成画面脏乱的情况，建议将线稿复印后再用马克笔着色。

圆珠笔

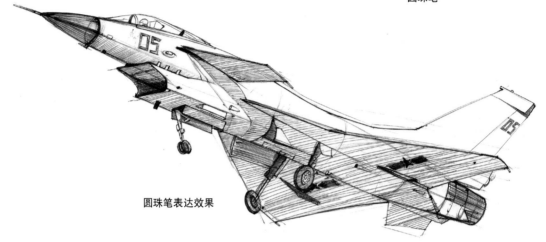

圆珠笔表达效果

2.1.2 上色绘图工具介绍

1. 马克笔的介绍

马克笔作为快速表现常用的工具之一，具有色彩亮丽、着色便捷等特点，而且可以预见颜色的干湿变化程度。马克笔按笔头可分为单头和双头；按溶剂可分为油性、酒精性、水性等类型。油性马克笔快干、耐水、耐光性较好；颜色可多次叠加，表现柔和。酒精性马克笔可在任何光滑表面书写，速干、防水、环保；水性马克笔颜色亮丽且透明，但多次叠加颜色后会变灰，而且容易损伤纸面。

马克笔品牌介绍

马克笔的品牌有很多种，常见的有TOUCH、COPIC、STA。前两者绘画效果好，色彩过渡柔和，价格较贵。后者价格较为便宜，其绘制效果也能满足需求。由于品牌的不同，色彩的型号也各不相同，在本书中大多使用的是酒精性的STA（斯塔）马克笔。

STA马克笔

STA马克笔常用色

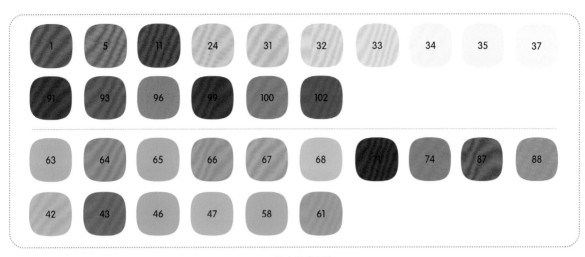

STA马克笔常用色

马克笔笔头介绍

如果想很好地运用马克笔，就要先了解马克笔的笔头构造，分为细头与宽头。细头主要用于刻画细节、勾边等精细区域；宽头主要用于大面积的铺色。细头绘制出来的线条较为单一，宽头绘制的线条可以随着笔头与纸面夹角的角度变化而变化。

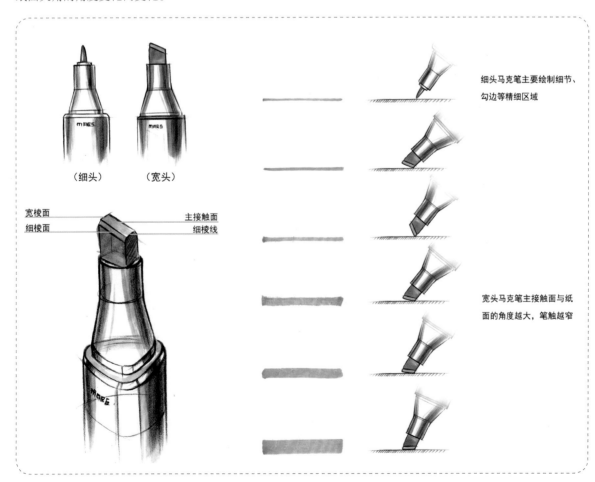

马克笔的握笔方式

在绘制工业产品时，由于产品造型的不同，马克笔的握笔方式也不同，注意以下原则即可。

① 笔头倾斜角与轮廓边缘平行。

② 在笔头运动过程中，不可转动笔头或改变笔头方向。

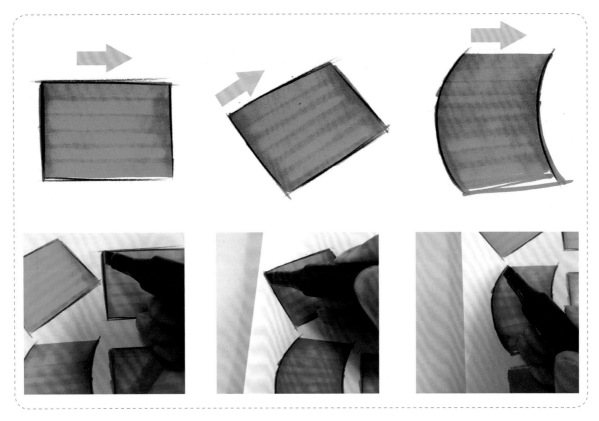

马克笔的运笔方式

在用马克笔进行铺色时，马克笔的运笔方式尤为重要，需要做到笔触均匀，轨迹平缓、流畅。下面对常见的运笔方式进行分析。

① 正确。笔触均匀，书写平缓，中间无断点或停顿。

② 错误。笔触未与纸面平行贴合，造成中间笔触不均匀。

③ 错误。前后、中间都有明显滞点，需要胆大心细地运笔。

④ 错误。笔触画出了边界，需要加强对笔触的掌控。

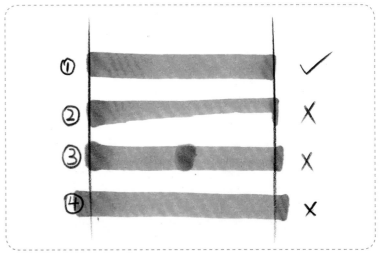

马克笔的笔触表达方式

常见的马克笔笔触表达分为直笔、拖笔、平涂3种。

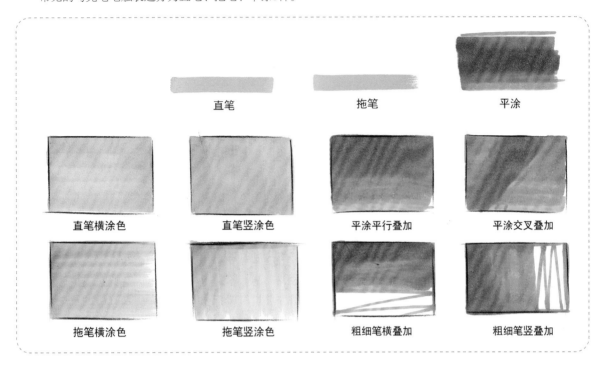

直笔　　　　　拖笔　　　　　平涂

直笔横涂色　　　直笔竖涂色　　　平涂平行叠加　　　平涂交叉叠加

拖笔横涂色　　　拖笔竖涂色　　　粗细笔横叠加　　　粗细笔竖叠加

马克笔表达效果

马克笔是最常用的铺色工具，有极强的概括力和表现力，很容易表达出设计师的构思与意图。

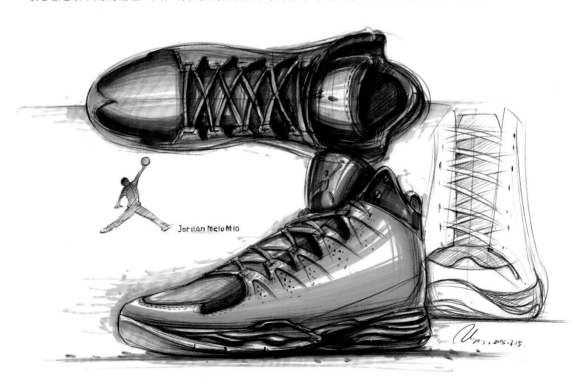

2. 色粉的介绍

　　色粉多用于表现细腻的过渡区域，常见的品牌有雄狮、得力、马力、樱花等，色彩有24色、36色、48色等类型。由于品牌的不用，色粉的型号也各不相同，在本书中使用的是雄狮色粉。

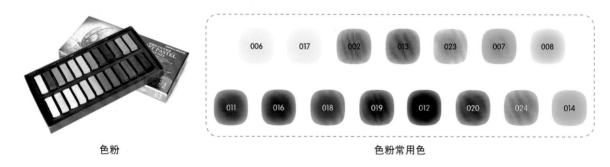

色粉　　　　　　　　　　　　　　　　　　色粉常用色

色粉的使用方式

（1）准备阶段。用美工刀将色粉颗粒刮下，然后将纸巾折叠成便于拿捏的形状。

（2）以一个曲面形态为例。用铅笔刻画产品轮廓。

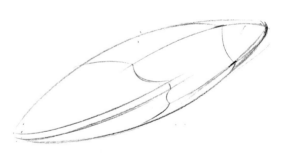

（3）用叠好的纸巾将事先刮好的色粉均匀搅拌，随形体的转折进行均匀擦拭。

（4）用黑色色粉进一步加重形体的转折效果。

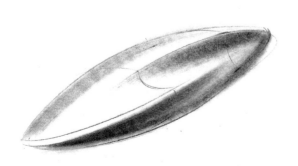

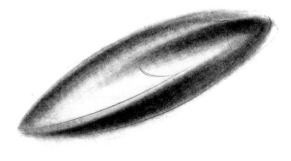

（5）修形。借助曲线板对准高光的转折面，用削尖的橡皮擦出高光，然后用浅色色粉在造型周围均匀涂抹，烘托氛围。

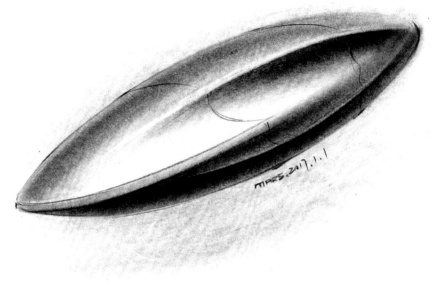

曲线板辅助

2.1.3 绘图辅助工具

1. 曲线板

在手绘表现时，对于一些细节的刻画，徒手很难实现线条流畅的效果，这时借助曲线板可以使画面中的透视及形体更加准确。

曲线板

2. 高光笔

在手绘表现中有光泽的产品，主要通过留白和绘制两种形式呈现。高光笔具有覆盖力强的特点，为设计师所热爱。常用的高光笔有三菱和樱花两种。三菱高光笔笔头较粗，出墨量大，多用于点状高光的绘制；樱花高光笔笔头较细，出墨量小，细条细腻，多用于线状高光的绘制。

高光笔

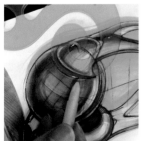

曲线板使用示范

点状高光笔使用示范

线状高光笔使用示范

3. 纹理辅助工具

纹理辅助工具有助于更清楚地表达产品的材质属性。在遇到表面凹凸不平的产品时，需要将带有肌理的材质板放置在纸张背面，用彩铅侧锋绘制，即可出现凹凸纹理。

纹理工具

使用前的效果

使用后的效果

4. 便利贴

便利贴是在绘制精细手绘效果图上色时，为了防止溢出颜色，起遮掩的作用。

纹理工具

便利贴使用示范

使用便利贴的效果

2.2 透视知识讲解

2.2.1 一点透视

1. 一点透视原理

一点透视又叫作平行透视，只有一个灭点。例如，一个立方体的底边与观者的视线呈90°角，那么就称为一点透视。

在产品的各个视角中，大多数产品的侧视图信息量最为突出；设计草图的推敲阶段，侧视图显得尤为重要。一点透视中，是将正侧视图转换为透视的立体图形，能帮助设计者更便捷地勾勒出脑海中产品的概念形态。

2. 一点透视的作图方法

（1）画一条视平线（HL），然后在中间位置标出透视点（VP），在透视点左右两端分别标出距点E、F。

（2）画出单位为1的正方形，并且A_1D_1边、B_1C_1边与视平线HL平行。A_1、B_1、C_1、D_1点同时与透视点VP连接成线。

（3）从C_1向右延伸一个单位得出G点，然后G点与E点连接成线，并且EG线与C_1VP线形成一个交点C_2，C_1C_2就是发生透视后正方体的一条边长。

（4）由C_2点向左水平延伸一条线与B_1VP线交于B_2点；由C_2点向上垂直延伸一条线与D_1VP线交于D_2点，D_2点向左延伸与A_1VP线交于A_2点。将8个点连接得出一点透视的正方体。

一点透视法则： 横平竖直。

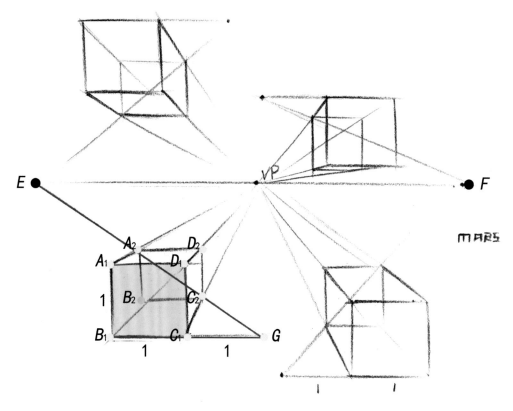

3. 一点透视的形体扩展练习

在正方体一点透视的基础上进一步扩展，绘制出不同的几何形体，增强对一点透视的理解。

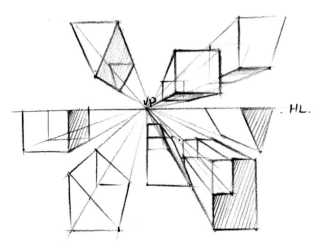

4. 一点透视在产品手绘中的应用

2.2.2 两点透视（成角透视）

1. 两点透视的原理

两点透视也称为成角透视，有两个灭点。例如，当一个立方体不是正对着观者，与观者的视线角度大于或小于90°，称为两点透视。

设计草图的深化阶段，常常将平面视图的概念图形转变成立体图形。两点透视比一点透视能展示出更多的面来帮助设计师思考。两点透视在设计草图深化阶段显得更为重要。

2. 两点透视的作图方法

（1）画一条视平线（HL），然后在中间位置标出心点（CV），在心点左右两端分别标出灭点VP_1和VP_2。

（2）画出真高线A_1B_1，设单位长度为1，然后将A_1、B_1两点分别与两个灭点连接得出透视线。

（3）在B_1点右侧延伸1个单位得EB_1线，并将EB_1线分成3等份，并在2/3处得到F点，然后将F点与心点（CV）连接，FCV线与B_1VP_2线交于C_1点，得出正方体底边长为B_1C_1线。

（4）由C_1点向左水平延伸与B_1VP_1线交于B_2点；由C_1点向上垂直延伸与A_1VP_2线交于D_1点；C_1VP_1线与B_2VP_2线相交得到C_2点；由C_2点向上垂直延伸线与D_1VP_1线交于D_2点。连接8个点得出两点透视中的正方体。

注意： 真高线在心点左边时，B_1向右延伸1个单位；真高线在心点右边时，B_1向左延伸1个单位；如果真高线与心点垂直线重合，B_1向左右都可以延伸。

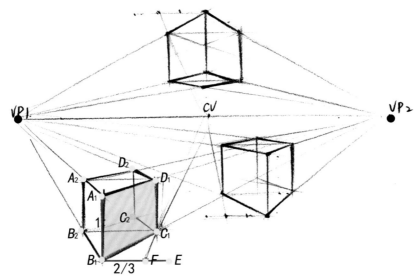

3. 两点透视的形体扩展练习

在正方体两点透视的基础上进一步扩展，绘制出不同的几何形体，增强对两点透视的理解。

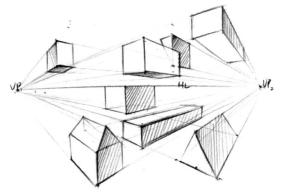

4. 两点透视在产品手绘中的应用

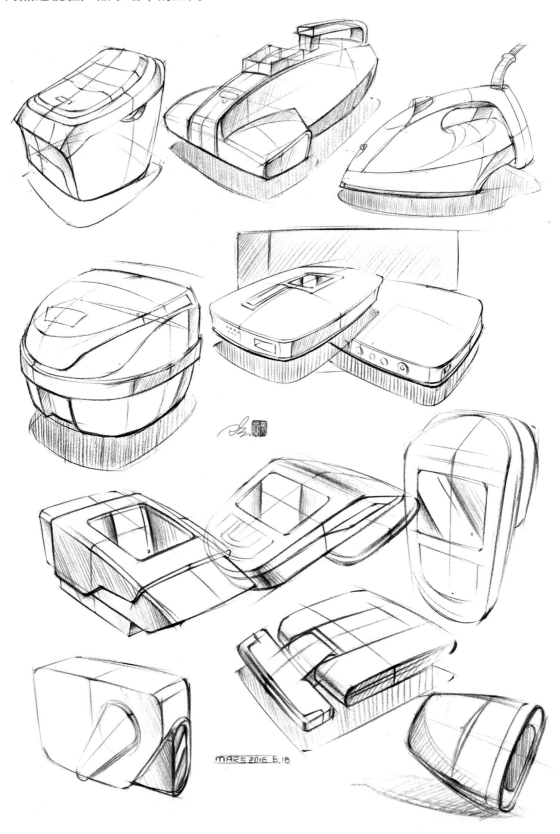

2.2.3 三点透视原理（广角透视）

1. 三点透视的原理

　　三点透视又称为斜角透视或广角透视，有3个灭点。此种透视的形成，是因为物体没有任何一条线或面与画面平行，相对于画面，物体是倾斜的。当物体与视线形成一定角度时，因立体的特性，会呈现往三重空间（长、宽、高）延伸的块面，并消失于3个不同空间的消失点上。

　　三点透视的构成，实际上就是在两点透视的基础上多加了一个天点或地点。第3个消失点可作为高度空间的透视表达，当第3个消失点在水平线之上时称为仰视，当第3个消失点在水平线之下时称为俯视。

2. 三点透视作图方法

（1）画一条视平线（ HL ），然后在左右端点处分别标出透视点 VP_1 、 VP_2 ，并在视平线以下标出第3个透视点 VP_3 。

（2）画出成角透视的矩形 $A_1B_1C_1D_1$ ，然后将4个点连接透视点 VP_3 。

（3）在 B_1VP_3 线上标出 B_2 点，由此点向 VP_1 、 VP_2 透视点连接并与 A_1VP_3 、 C_1VP_3 分别交于 A_2 、 C_2 点。

（4）由得出的 A_2 点向透视点 VP_2 连接与 D_1VP_3 交于 D_2 点。将得到的8个点连接成长方体。

　　形体扩展： 可以根据以上作图方法扩展出其他几何形体，加深对三点透视的理解。

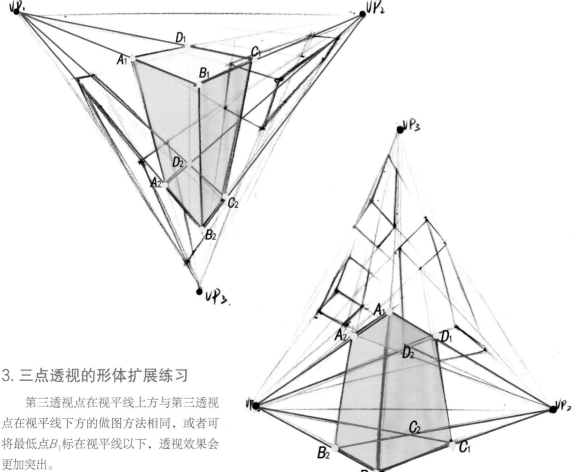

3. 三点透视的形体扩展练习

　　第三透视点在视平线上方与第三透视点在视平线下方的做图方法相同，或者可将最低点 B_1 标在视平线以下，透视效果会更加突出。

4. 三点透视在产品手绘中的应用

2.3 线的认识与绘制练习

　　线，在几何学中只具有位置和长度属性，而在形态学中，线还具有宽度、形状、色彩、肌理等属性。在产品设计中的线起着尤为重要的作用，一个产品的造型必先从每条严谨的线条开始，从而组合并搭建出设计师脑海中的概念形体。线条也有直线与曲线之分，直线给人以明快、有力的感觉；而曲线则给人以运动、优雅、流畅、柔美的感觉。那么在产品设计手绘制图中，如何轻松自如地把控线条，通过线条来表达自己的想法，显得十分重要。流畅、准确的线条不但能够快速表达出设计师的想法，更能增强手绘表现的观赏性。大家想要绘制出好的线条，不但需要日常大量的练习，还要掌握正确的学习方法。

2.3.1 工业产品设计手绘中的线条

1. 轮廓线

　　轮廓线，又叫作"外部线条"，是物体与物体之间的分界线。每个物体的轮廓线都不相同，即使是同一个物体，从不同角度来看，轮廓形状也不相同。产品的轮廓线亦是如此，下面是不同造型、不同角度的4个热水壶，其轮廓线也是各不相同。在产品手绘过程中，轮廓线的虚实、轻重会直接影响整个产品手绘的呈现效果。

2. 分型线

　　分型线就是指产品各个部件之间的分界线，主要存在于产品形态的表面，随着产品形态造型与透视变化而变化。以鼠标为例，鼠标的顶部扣件与底部主体之间的缝隙即为分型线。在产品手绘过程中，分型线的轻重比轮廓线弱。

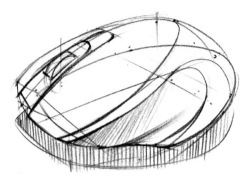

3. 结构线

　　结构线是指产品主体及各个部件，因造型的变化所产生的形体转折线。产品的结构线随着产品形态转折的角度不同，其粗细、长短也不同。

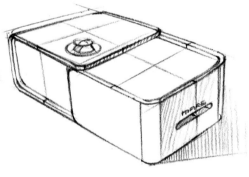

　　在产品手绘过程中，转折处的处理有两种方式，一种是以面的形式呈现，另一种则是以线的形式呈现。

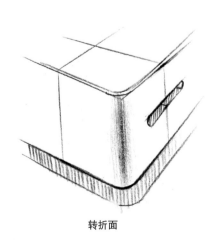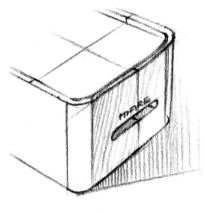

转折面　　　　　　　　　　　　　　　　　　　　转折线

4. 截面线

截面线又称为剖面线，在实际的产品表面是看不见的，是不存在的线。但是在设计手绘过程中截面线是非常重要的，它能清晰地使设计师观察到产品表面的起伏变化。因此在绘制的过程中，应适当添加截面线，进一步说明产品的设计形态。

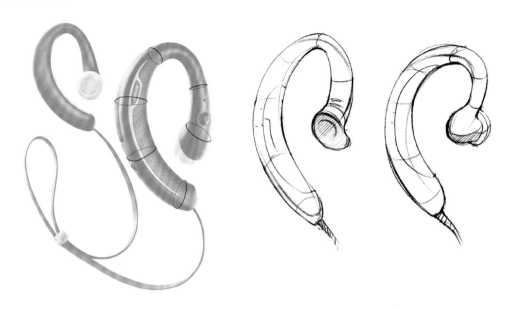

5. 不同类型线条在产品手绘中的应用

在绘制一个产品时，一般情况下，轮廓线最重，其次为分型线，之后为结构线，最后为截面线。除了要注意线的轻重之外，还要考虑到光源方向、近实远虚、近大远小等客观因素对线条的影响。虽然轮廓线在整个手绘造型中颜色最重，但实际上受近实远虚及光影变化的影响，离我们最近的结构线反而要比后轮廓线色彩更重一些，所以在绘制过程中需要考虑到客观因素的影响。

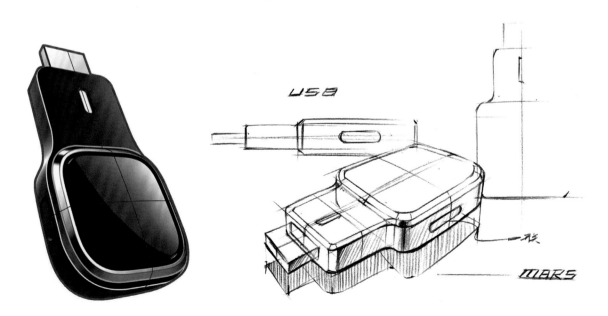

2.3.2 直线的绘制与应用

直线的绘制大致分为3种：双向射线、单向射线和均重的线，这3种线在产品设计手绘中扮有不同的角色。

直线的绘制姿势：先在纸面上确定同一平面中的两个点，然后手腕与手肘形成一条线，接着平行同步带动笔尖距离纸面约5mm的高度划过两点（根据个人握笔习惯来衡量高度），来回重复此动作，形成惯性后落笔即可。

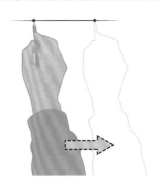

1. 双向射线

特点：中间宽粗，两端尖细。

用途：主要用于绘制产品形态的大体透视关系和轮廓，在对线条充分掌握的情况下，这类线条可贯穿整个手绘过程。

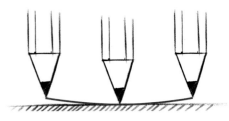

2. 单向射线

特点：一端宽粗，一端尖细。

用途：主要用于强调产品造型的形态和结构塑造。

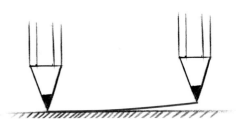

3. 均重的线

特点：均匀等粗。

用途：主要用于产品造型的细节刻画。

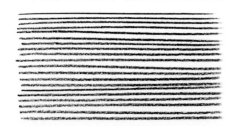

4.3种线条在产品手绘中的应用

下面以打印机为例，详细讲解3种线条在手绘中的应用。

（1）在注意透视的同时，用中间重、两头轻的线条绘制出产品大概外形。

（2）用该线条绘制出产品部件。

（3）细化阶段。用均重的线条开始刻画细节，主要运用在产品中两条平行线较窄处和形体的转角处。

（4）深化阶段。先用中间重、两头轻的线条，以平行斜线的方式，绘制阴影面，表现形体的转折关系；再用头重脚轻的线条在明暗转折较强的地方加重，进一步增强形体面与面的转折关系。

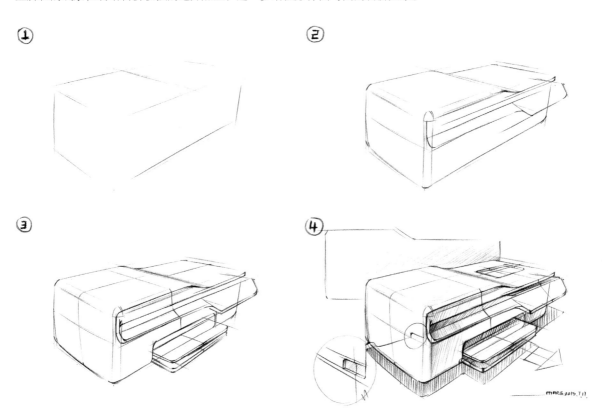

2.3.3 曲线的绘制与应用

1. 重新理解曲线

曲线在工业产品设计手绘中运用广泛，在训练的过程中首先要理解曲线是怎样形成的。曲线的形成分为两种，第一种为圆上曲线，第二种为圆切曲线。

曲线的绘制姿势： 先在纸面上确定3个不在同一平面的点，然后手腕与手肘形成一条线，接着以手肘为轴心，同步带动笔尖距离纸面约5mm的高度划过3点（根据个人握笔习惯来衡量高度），来回重复此动作，形成惯性后落笔即可。

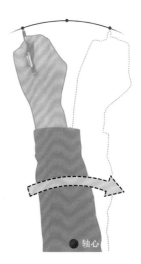

2. 圆上曲线

在圆形或椭圆形上直接取一段曲线，通常为3点曲线。

3. 圆切曲线

通过圆形与圆形相切形成的曲线，通常为4点以上的曲线。

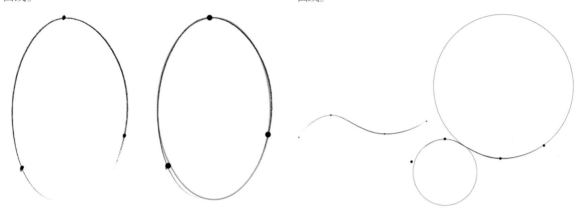

4. 曲线的组合练习

在注意透视的情况下，通过定点画线的方法，大量练习不同曲线组合形态，以增强对曲线的把控能力。

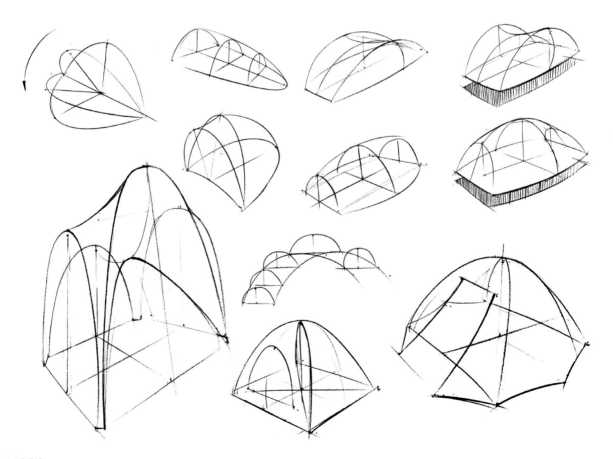

5. 曲线在产品手绘中的应用

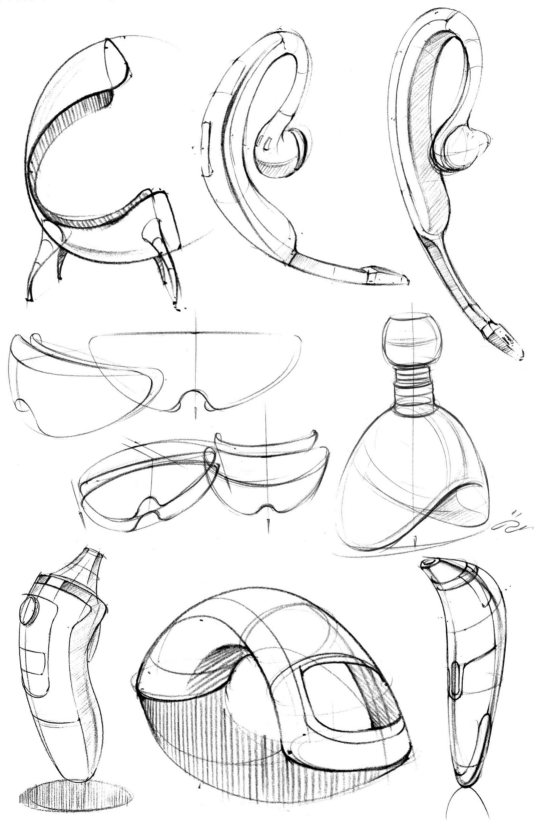

在几何学中，面是线移动的轨迹。在设计应用中，很多产品表面的肌理以各种形式的"面"呈现，点或线的有机排列也可以形成面。面随线条组合变化而变化，并包含了点、线的因素，具有丰富多样的外形特征，如果从纬度空间的角度来看，大致可分为平面、曲面。平面具有稳重、刚毅的特征，而曲面具有动态、柔和的特征。

2.4.1 平面的绘制与应用

1. 圆形的绘制与应用

圆形的绘制的方法

圆形的外接四边形是正方形，所以可以先画出正方形的透视图，再根据圆形与外接正方形的几何关系，就能画出圆形的透视图。圆形与外接正方形有4个切点，在4条边的中点上。圆形与正方形的两条对角线也有4个交点，这4个交点的连线将正方形边长的一半分割成3∶7的关系，这样圆周上的8个点的几何位置就明确了，在正方形透视图上，按照比例关系找到这8个点，用光滑的曲线连接出圆形的透视图。

作图方法： 先画出视平线，确定出主点S和距点H、M，作出一个正方体的一点透视。在正立面，画两条对角线，交点（即圆心），过圆心作水平线，再过圆心向主点连线，两线与正方形4条边相交得到4个中点。将AB边的一半作3∶7的分割，AB边是正方形的原线，故分段比例不变。从分割点向主点引线与对角线相交，得到4个交点。将这8个点光滑连接，得到圆形的透视图。

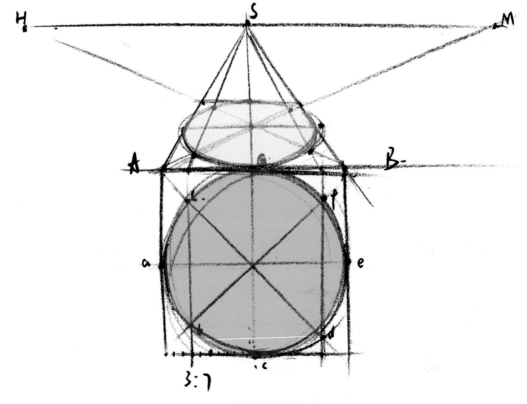

圆形的作图方法

8点快速作图法

（1）画出正方形并画出对角线与中线得出A、B、C、D、a、b、c、d这8个点。

（2）作cd与对角线的交线，产生一个交点再从b点作引线通过该交点与AD线相交于E点。

（3）从E点作引线到C点并与BD对角线相较于F点，F点就是圆形在对角线上的点，由此得出其他3点，连接这8个点得出正圆。

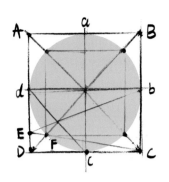

椭圆形的绘制方法

根据以上圆形的透视法则得出椭圆形。椭圆形有长轴与短轴并且互相垂直平分，那么在长轴相等的情况下，向下层层绘制，距视平线越远，短轴不断加长，则椭圆形的面积越大。

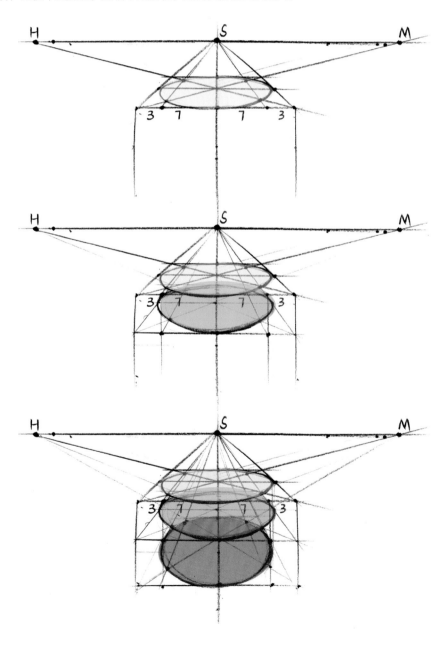

圆柱体的绘制方法

在产品手绘快速表达中，如果运用以上的椭圆形理论作图，一步步推算出每个细节，必然会添加过多的辅助线，最终会影响产品手绘的速度与画面效果。所以可以通过以下方法绘制圆柱体。

（1）绘制一条中轴线，然后分别画出两条平行线并与中轴线垂直平分，得出椭圆形的长轴。

（2）根据距视平线越近，短轴长度越短的原则，以此画出与长轴垂直平分的短轴，并过4点画出上、下椭圆形。

（3）连接上、下椭圆形边缘得出圆柱体。

（4）绘制阴影，增强圆柱体的形体变化效果。

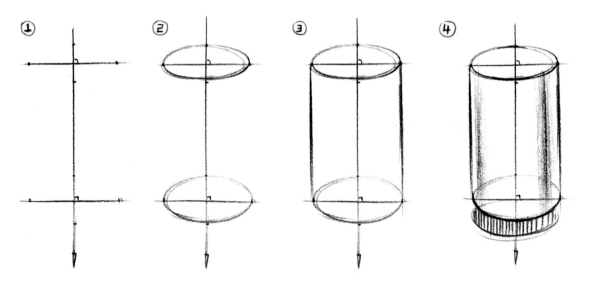

圆管的绘制方法

根据快速绘制圆柱体的方法，再绘制一个顶面与视平线相平行的圆管。

（1）首先绘制一条视平线，然后绘制圆管的中轴线（注意这时候圆管的中轴线为曲线），并画出两条与中轴线相垂直的等长线段，即两个椭圆形的长轴。

（2）根据视平线越近，短轴长度越短的原则，画出与长轴垂直平分的短轴。

（3）通过已有的长轴与短轴上的4个点，画出椭圆形，即为圆管的截面。

（4）由已有的两个椭圆形画出与其相切的两个透视正方形，然后将两个正方形四边的中点相互连接，得出圆管外围的4条中线（黄色线与粉色线），最终将整个圆管绘制出来。

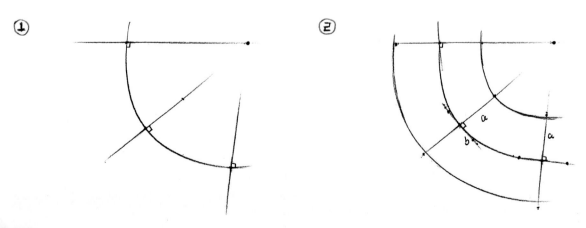

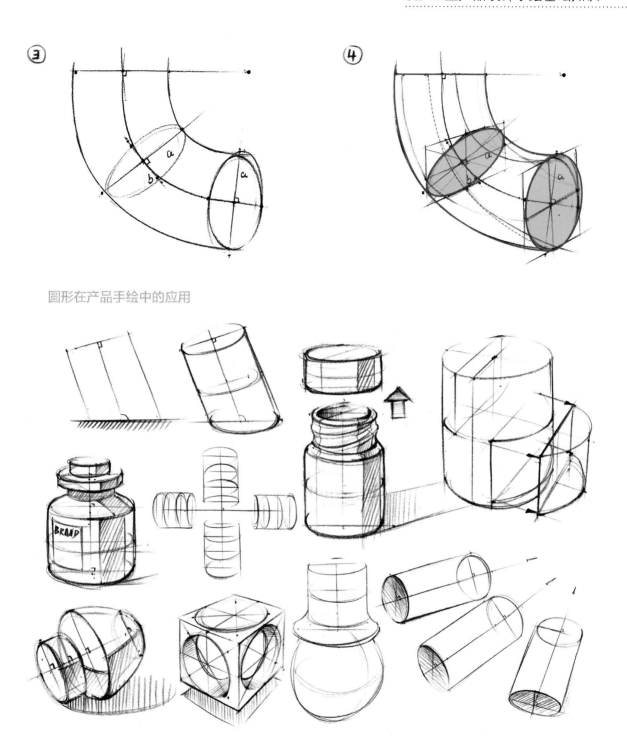

圆形在产品手绘中的应用

2. 多边形的绘制与应用

正三角形的绘制

首先绘制一个圆形，然后在圆形内过圆心画一条与水平线垂直的直径，与圆形相交于C点，过半径的中点D作与水平线平行的线，与圆形分别相交于A、B两点，最后将A、B、C这3个点进行连接得出等边三角形。

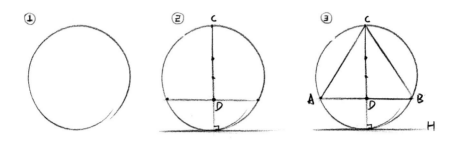

正五边形的绘制

首先绘制一个圆形，画出垂直于水平面H的直径，并将该线段进行三等分，过G点作与水平面平行的直线，于圆形相交于A、C两点，然后将接近水平线的一段再进行三等分，接着过F点（距离水平面1/3处）作与水平线平行的线，与圆形交于D、E点，最后连接A、B、C、D、E点得出正五边形。

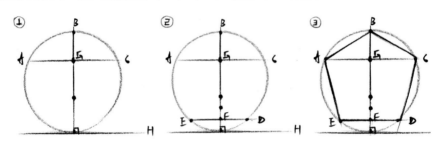

多边形在产品手绘中的应用

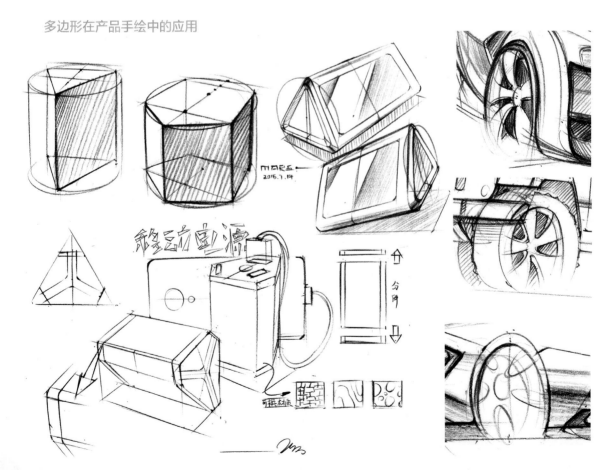

2.4.2 曲面的绘制与应用

1. 简单曲面的绘制

简单来讲，曲面是由平面中的截面线发生变化的结果，截面线向下弯曲形成的是凹面，截面线向上弯曲形成的是凸面，设计师可以根据画出的截面线来估算曲面的曲率，这是在设计草图阶段常用的表现形式。

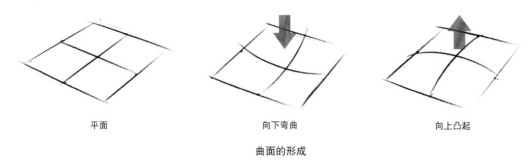

平面　　　　　　　　　　向下弯曲　　　　　　　　　　向上凸起

曲面的形成

简单曲面的造型表达

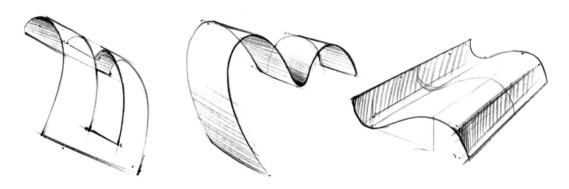

2. 渐消面的绘制

在产品设计中，存在着很多复杂的曲面设计，其曲面的形态不局限于单方向的凸起或凹陷，还有一种特殊面就是渐消面，通俗来讲就是两个不同方向的面渐渐变成一个面。渐消面在产品的造型设计中十分常见，多用于产品的表面细节造型。

渐消面随着表面形体的变化而变化。

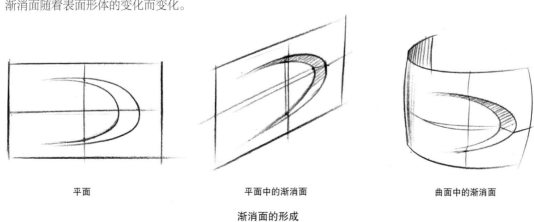

平面　　　　　　　　平面中的渐消面　　　　　　　　曲面中的渐消面

渐消面的形成

简单渐消面的造型表达

3. 曲面在产品手绘中的应用

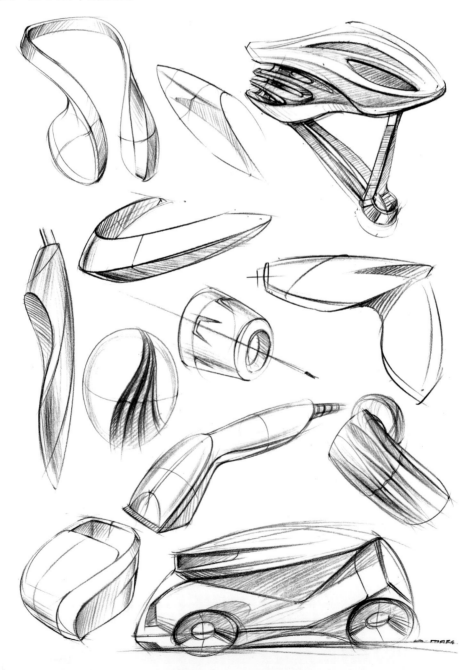

2.5 光影的绘制

2.5.1 光影的作图原理

　　一个物体之所以能够产生空间感，除了截面可以加以说明外，在其表面添加阴影更能增加物体的空间深度。投射阴影能够突出物体的形状，并且理清产品各构成部件相互位置关系。下面我们通过简单的线、面、体，来说明光影的绘制方法。

　　先从一根线开始，我们知道线不是实体，可以将其模拟成一根竖立的木杆。设定一个有高度的光源后，过木杆的顶端，即为光源角度线；这个光源是有投射方向的，过木杆的底端，画出的线即为光源方向线；光源角度线与光源方向线交会到木杆的底端线，即为木杆的阴影线。

　　采用同样的方法可以依次计算出面、体的投影。我们平常所见到的太阳光都是平行光，因此照射面、体的光源角度线都是平行的，如果光源方向线改变，那么物体投射的面积大小也会发生变化。

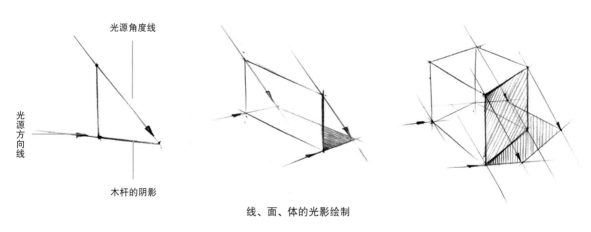

线、面、体的光影绘制

2.5.2 简单形体光影的绘制

　　下面通过球体、圆柱体、正立方体、圆锥体光影的绘制进一步了解光影。以上这4个物体的投影都取决于上方表面的投射，根据观察视角的不同，这几个基本形体的阴影面积与投射角度也大不相同。

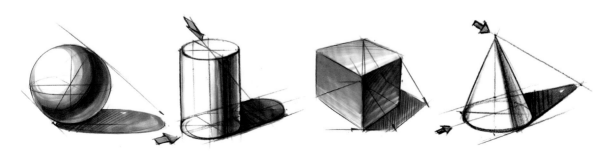

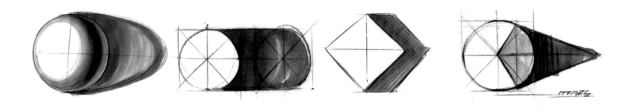

组合形体的光影变化练习

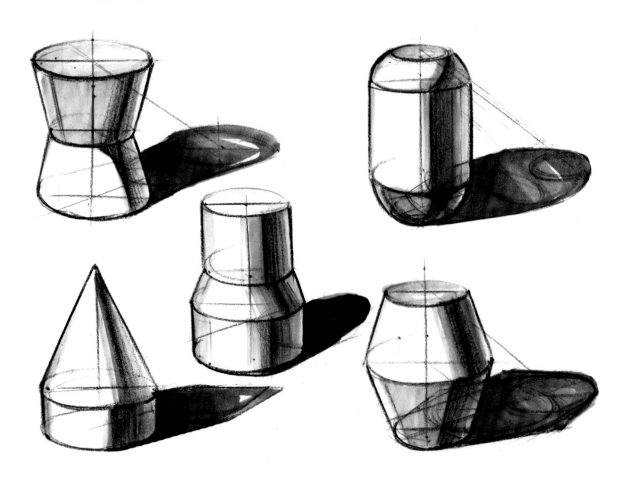

2.5.3 光影在产品设计手绘中的应用

　　通过对前面基础形体光影的理解，可以将光影运用到工业产品设计手绘之中。工业产品设计手绘是为了快速表现设计概念，并非通过光影的精确计算而得到一个准确无误的形体，这在设计时间成本上是不允许的。所以，在产品设计手绘应用中，只要光影的运用能表现出产品形体的明暗灰变化即可，其目的是将设计师的想法快速表达出来。

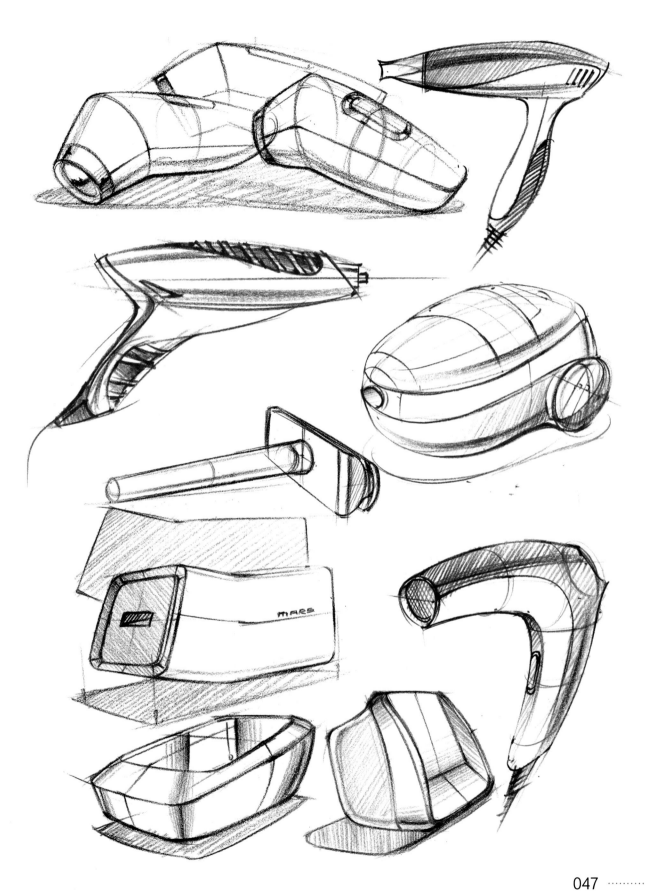

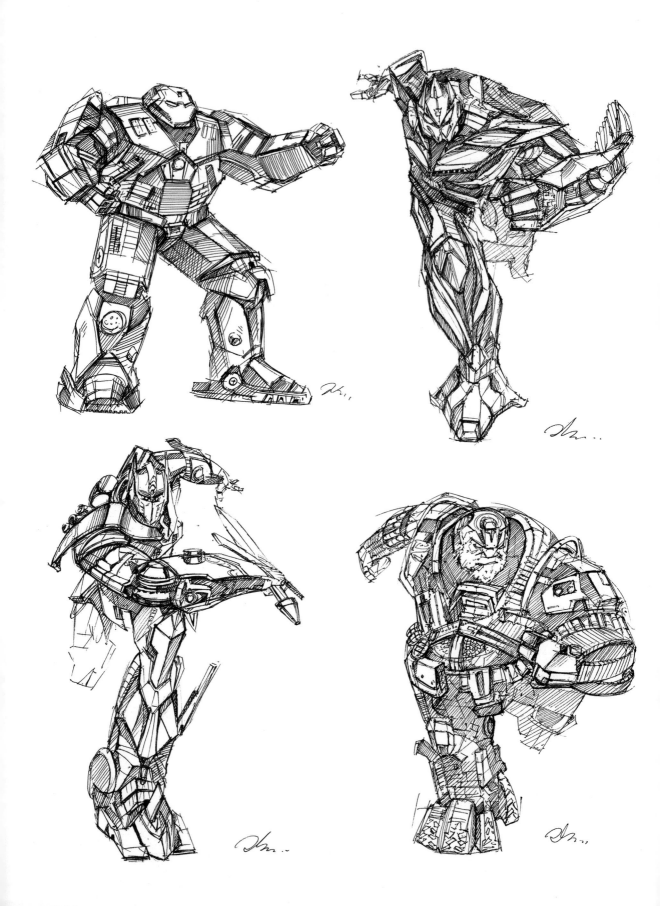

03

工业产品设计手绘转换与扩展

本章所讲的转换与扩展主要是将工程制图的理论方法作为基础，并紧密与产品设计思路联系起来，作为本章的学习方法。在工业设计中不只是设计一个平面，而是三维立体产品，那么我们如何将脑海中的创意通过手绘的方式在纸面表现出来？首先我们要明确绘制对象的各个视图的具体形态，并能将各个视图对应到透视图中的各个面，通过从产品的二维平面图到三维立体图的转换，来训练设计师的三维逻辑思维能力。

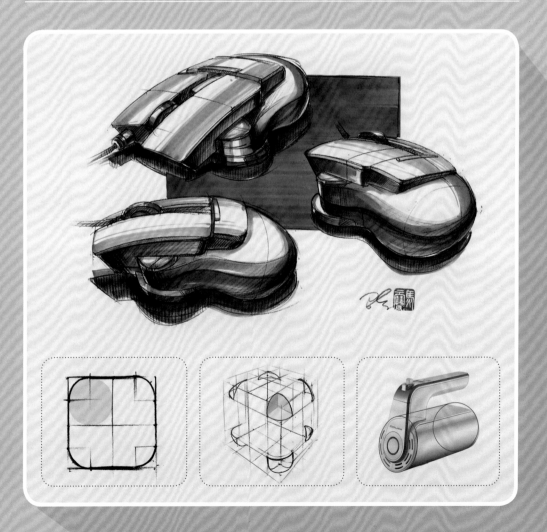

3.1 从简单形体到复杂形体的转换

3.1.1 倒角

日常生活中的大多数产品都有倒角，倒角分为两种，一是通过设计的倒角，二是模具产生的自然倒角，使产品的转折面不至于过于尖锐。那么常见的倒角状态又分一次倒角与二次倒角两种。

1. 立体图形的一次倒角原理

以正方体倒圆角为例，设边长单位为1，将8条棱边同时进行倒角，我们可以将倒角理解为圆形的1/4弧线，如右图所示。

（1）根据两点透视关系，绘制一个正立方体。

（2）绘制中线，作为参考线，然后绘制出顶面圆角。

（3）由顶面圆角向下投影，即可得出底面圆角。

（4）连接边缘线，即可得到一次倒角出来的形体。

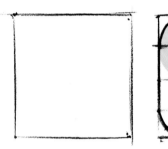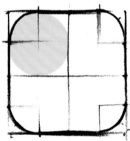

俯视图

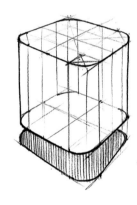

一次倒圆角

运用一次倒圆角的方法将立方体一次倒直角，如下图所示。

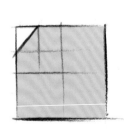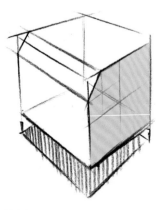

一次倒直角

2. 立体图形的复合倒角原理

复合倒圆角是指立体图形在多个视角发生相交的状态。以正方体倒角为例，设边长单位为1，将8条棱边同时进行倒角，可以将二次倒角理解为圆形的1/8，如下图所示。

 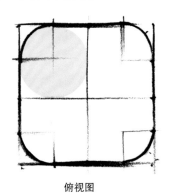 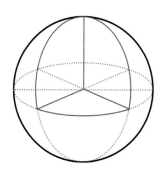

俯视图

（1）根据两点透视关系，绘制一个正立方体。

（2）绘制中线，作为参考线。

（3）将立方体相交的3条棱边分别进行同距离的倒角，如下图所示。

（4）连接边缘线，即可得出复合倒角出来的形体。

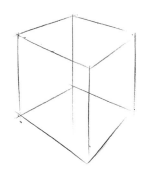 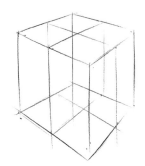 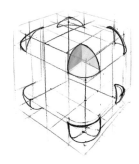 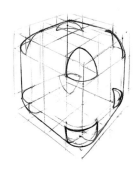

复合倒圆角

用复合倒圆角的方法将立方体复合倒直角，如下图所示。

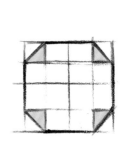 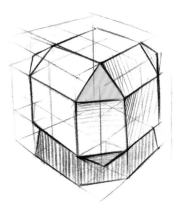

复合倒直角

3. 倒角在产品设计手绘中的应用

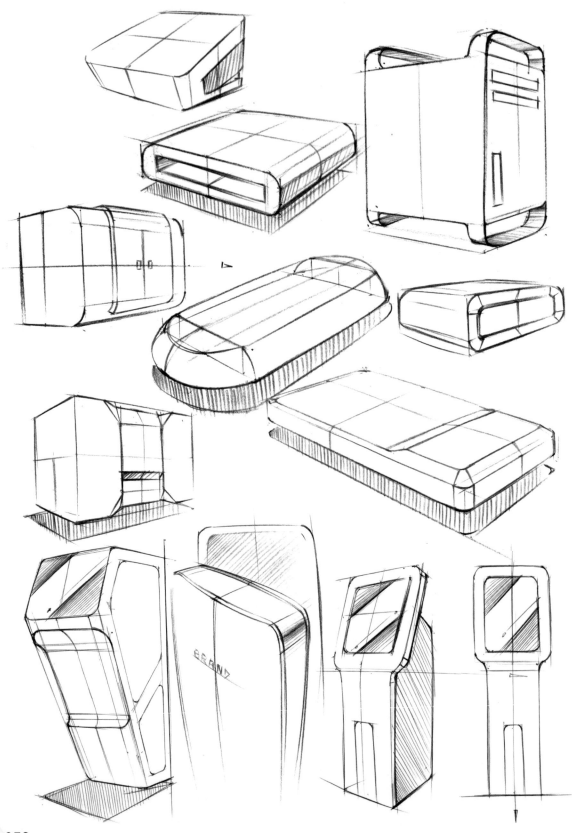

3.1.2 加减法

1. 加减法的原理

加减法的原理就是在一个物体上进行部件的添加与修减。大多数的产品都是几何体或是由几何体组合而成的，通过加减来求得产品比较容易。在使用该方法时，首先需要了解所画产品的基本形态，切勿受到产品细节的干扰，应画出大的形体后再刻画细节。

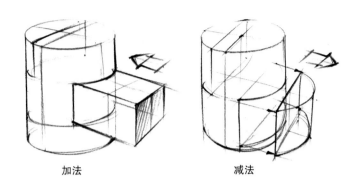

加法　　　　　　　　　减法

2. 加减法的简单形体应用

以投影仪为例

（1）根据三视图并运用透视知识绘制出一个比例相同的长方体。

（2）根据侧视图分析，然后绘制立方体叠加上去。

（3）减去倒角部分与散热孔，得出最终产品造型。

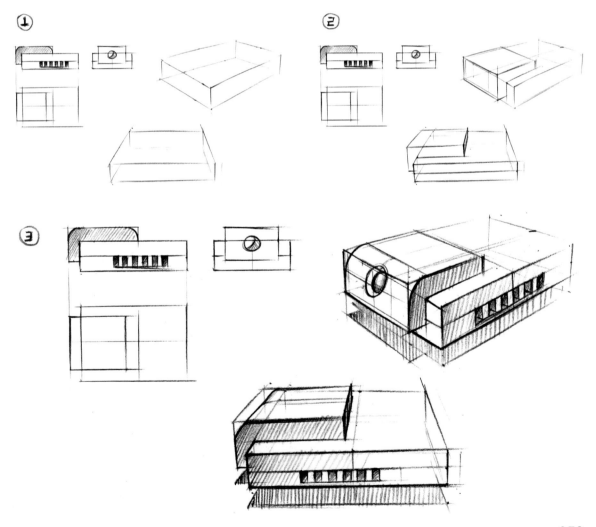

（1）首先绘制一个透视的圆柱体。

（2）根据两点透视原则，在已有的圆柱体上添加基本形体。

（3）用减法对圆柱体分割，得出防滑凹槽，产品的基本形体完成。

（4）通过此方法，绘制出不同角度的视图。

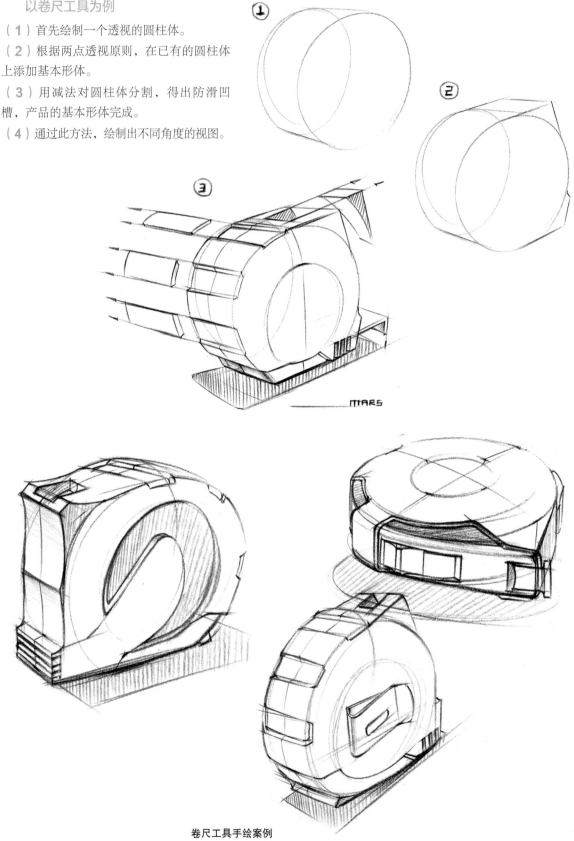

卷尺工具手绘案例

3. 加减法在产品设计手绘中的应用

3.2 三维逻辑思维转换

在设计草图初期，往往是从容易表现的二维视图进行推敲，然后通过选定后的二维视图向三维视图转换。下面主要通过视图之间的相互转换练习，更清晰地从多角度理解产品的形态，以此提升设计师的三维造型能力，这也是我们从临摹到创作的必经之路，因此下面的练习非常重要。

3.2.1 三维逻辑思维转换原理

根据已知的三视图，运用前面所学的透视法则，将每个视图的点与点相对应，绘制出产品的不同角度状态。

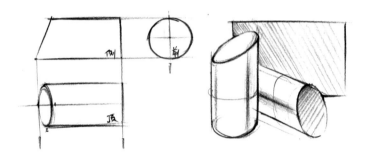

3.2.2 三维逻辑思维转换的运用

1. 如何分析实物图

在通过三视图向透视图的转换练习中，我们需要看透产品，理解产品每个视图的对应关系。下面以车载吸尘器的实物为参考，通过了解主要的截面，看透产品的结构，绘制出产品的透视图。

（1）依据两点透视绘制出透视中线为参考线，确定比例关系。
（2）在透视中线上，按比例位置，绘制出产品的3个主要截面。
（3）以3个截面作为产品的骨架，用线进行连接，得出主体部分。
（4）依据透视、比例关系在大概外形上减去把手处孔位，将细节绘制出来即可。

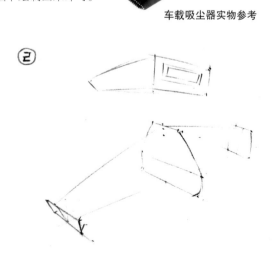

车载吸尘器实物参考

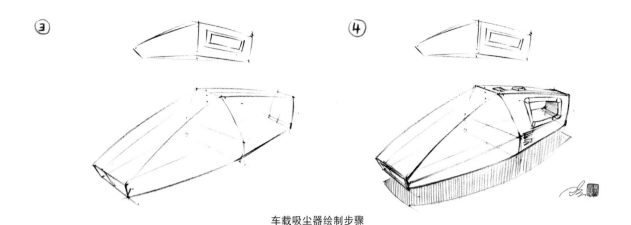

车载吸尘器绘制步骤

2. 通过三视图绘制不同角度

根据三视图，运用前面学的透视法则，绘制出车载吸尘器的不同角度状态。

（1）在俯视图上标出3个视点的视线方向。

（2）从角度1来看会发现视点中心在产品的中间位置，符合了一点透视原理，有一个消失点。

（3）角度2与角度3符合了两点透视的原理，有两个消失点。

（4）通过前面的分析思路与绘制方法将3个角度的立体图绘制出来。

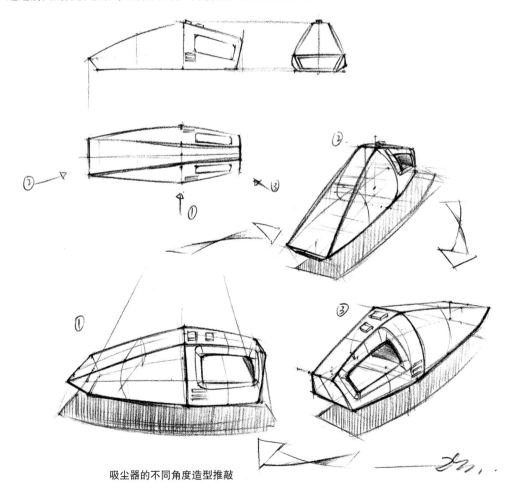

吸尘器的不同角度造型推敲

3. 通过实物图绘制不同角度

以咖啡机作为参考，通过观察产品的结构形态，分析出产品俯视图，可以清楚地了解到其基本型是由一个圆柱体与一个圆角长方体组合而成的。

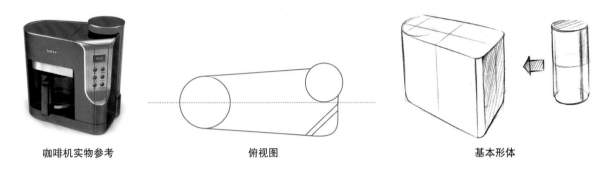

咖啡机实物参考   俯视图   基本形体

根据分析出来的俯视图，运用前面所学的透视法则，绘制出产品的不同角度状态。在俯视图上标出3个视点的视线方向。

（1）从角度1来看会发现透视点在产品的中间位置，符合了一点透视原理，有一个消失点；角度2与角度3符合了两点透视的原理，有两个消失点。通过前面的分析方法与绘制方法将3个角度的基本形体形绘制出来。

（2）运用前面所学加减法的知识，注意对应的比例关系，将3个基本的形态，分别进行分割、叠加，进一步细化基本外形。

（3）将基本形体进行倒角，刻画细节，添加阴影以增强形体变化效果。

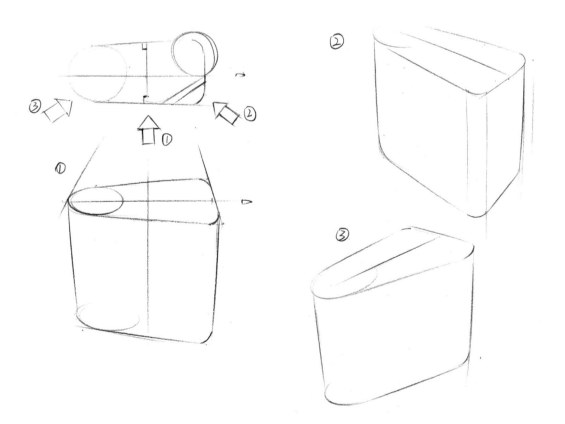

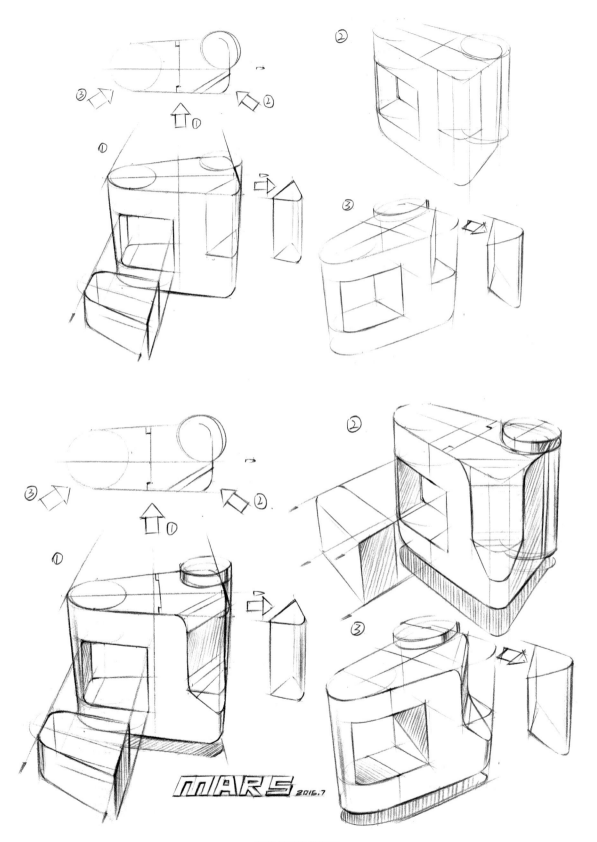

咖啡机手绘步骤图

4. 三维逻辑思维转换在手绘中的应用

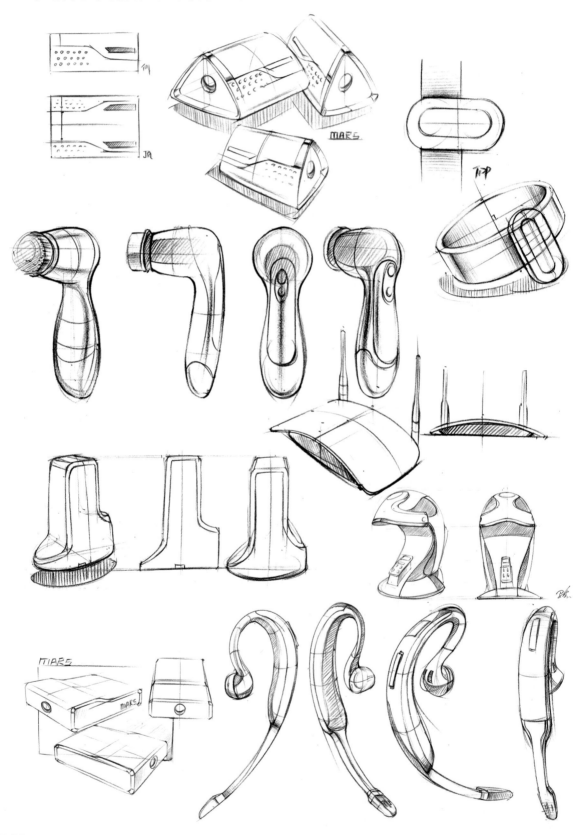

3.3 形体的穿插扩展

下面是以二维转三维的方式为基础，将产品设计中所遇到的形体穿插通过线条的方式绘制出来。在产品快速手绘中，并非严格地按照工程制图的方式进行绘制，主要是将概念造型表达出来，作为后期建模的参考依据，这样会大大提高设计的效率。

3.3.1 基本形体穿插原理

在工业产品设计中，不同形态的相互穿插是常见的结构形式。只要了解形体与结构之间的变化，在注意透视关系的前提下，借助线条进行表达即可。在基本形体中曲面体之间的穿插相对复杂，接下来通过圆柱体之间的穿插步骤演示，详细分析一下。

（1）首先绘制产品的两个视图，依据两点透视绘制主体的半圆柱体。

（2）在半圆柱体中线上方，按透视比例，绘制穿插圆柱体的顶面并标注4个中点。

（3）通过顶端圆形的4个中点向半圆柱体投影得出交点，并连接4个点得出交线，即可完成。

（4）快速绘制圆柱体之间的交线，可以将其理解为一个平躺的"8"字形。

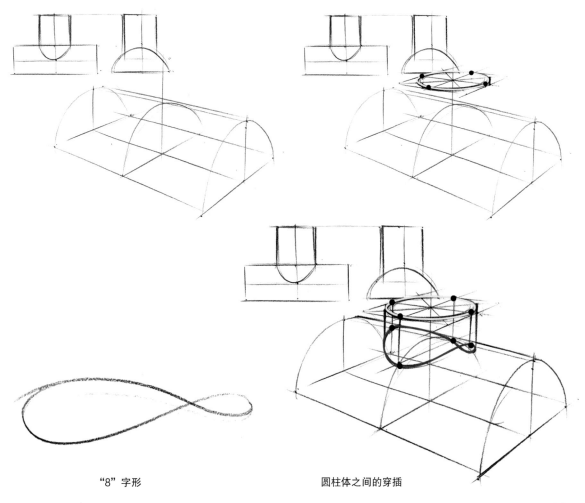

"8"字形   圆柱体之间的穿插

3.3.2 产品形体实例穿插分析

在实际的产品设计中，形体的穿插必不可少，以打蛋器为例，先对打蛋器的主体进行分析，它是由把手与被切割的圆柱体穿插合并的产品。

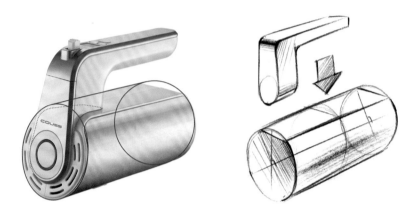

（1）首先通过前面的分析，绘制出三视图，并依据两点透视绘制出两个被切的圆柱体。

（2）依据对应关系，按透视比例，将把手按插在圆柱体中。

（3）在叠加形体的转角处进行倒圆角处理。

（4）丰富画面，添加阴影转折面，强化形体。

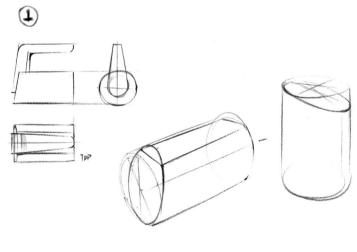

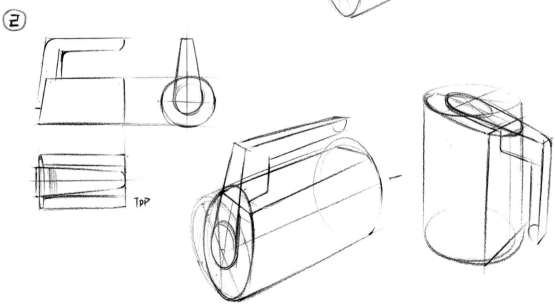

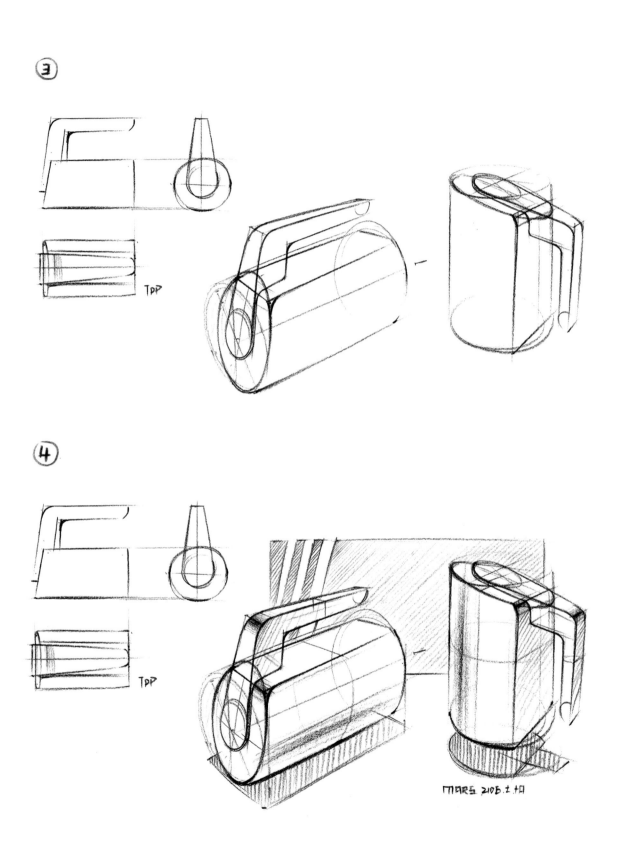

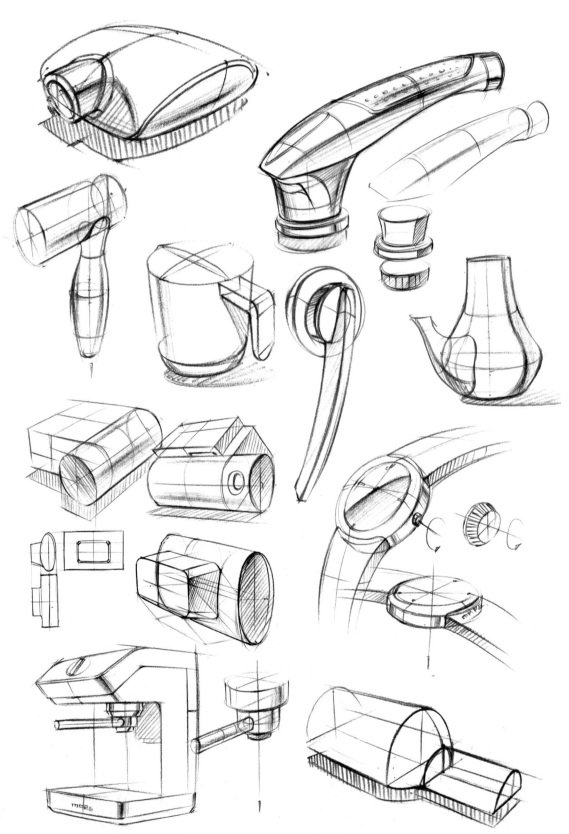

形体穿插在产品设计手绘中的应用

04

工业产品设计手绘材质表现

常用的工业产品材质可以归类为金属、玻璃、木纹、皮革、塑料等5种。本章主要是通过马克笔和色粉的运用，对产品的材质和肌理进行表现。对产品材质的准确表现是每个设计师必须要掌握的基本技能。色彩与材质是相辅相成的，每个材质都有其色彩的属性。在工业产品中，色彩与材质相互联系并影响着产品的外观视觉效果。不同的色彩、材质肌理给人不同的心理感受，产品设计师应熟悉不同色彩与材质的特性，通过对色彩、材质、肌理、形态、结构之间的关系，进行深入的分析和科学选择，以符合产品设计的需求。

金属材质产品在日常生活中随处可见，大到工程器械，小到钉针。金属材质质地坚硬，外观富有光泽，有反光等特性。

金属材质产品实物

4.1.1 金属材质的绘制原理

物体在自然中都会受到环境的影响，我们可以将复杂多样的环境归纳成蓝天、树木、建筑、土地等4个元素。

模拟环境

金属材质受环境影响很大，明暗对比强烈。接下来通过金属平面向曲面的转变来了解一下金属材质的变化。平面为正常反射环境，自上而下分别为：蓝天、树木、建筑、土地。同时光影随透视与形体变化而变化。内凹曲面的光影与平面、外凸曲面的光影正好相反，颠倒过来。

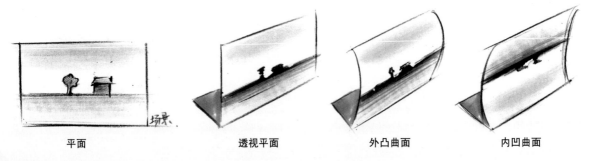

| 平面 | 透视平面 | 外凸曲面 | 内凹曲面 |

4.1.2 金属材质基本形体表现

以圆柱体为例，通过对曲面金属材质的绘制方法解析，初步了解金属的特性。

（1）绘制一个圆柱体。

（2）设定光影方向，金属材质具有高反光的特性，明暗转折线明显，所以应加强转折面。

（3）用灰色CG6马克笔加深明暗变化对比。

（4）分别用蓝色、棕色色粉在亮部与暗部留白处进行均匀涂抹，增强产品色彩的对比，然后用高光笔在棱边勾出高光，进一步提升质感。

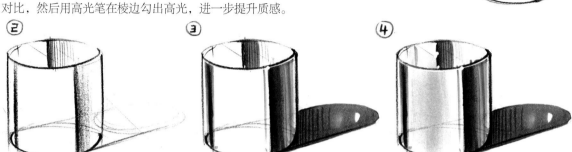

4.1.3 金属材质产品实例表现

以门把手为例，解析金属材质产品的绘制方法。

（1）用黑色彩铅绘制出门把手的造型。

（2）设定光影方向，根据对金属材质特性的了解，用深色马克笔加深转折面。

（3）分别用蓝色、棕色色粉在亮部与暗部留白处进行均匀涂抹，增强产品色彩的对比。

（4）用高光笔在棱边勾出高光，进一步提升质感，然后绘制阴影，烘托空间的层次感。

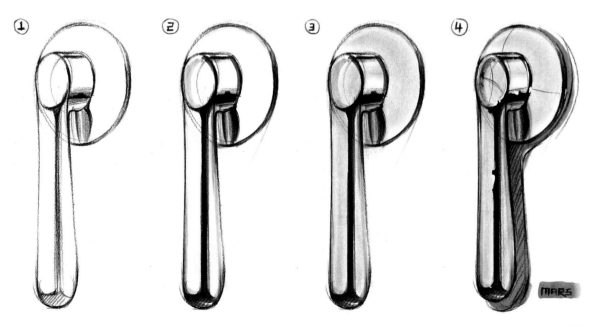

4.1.4 金属材质在产品设计手绘中的应用

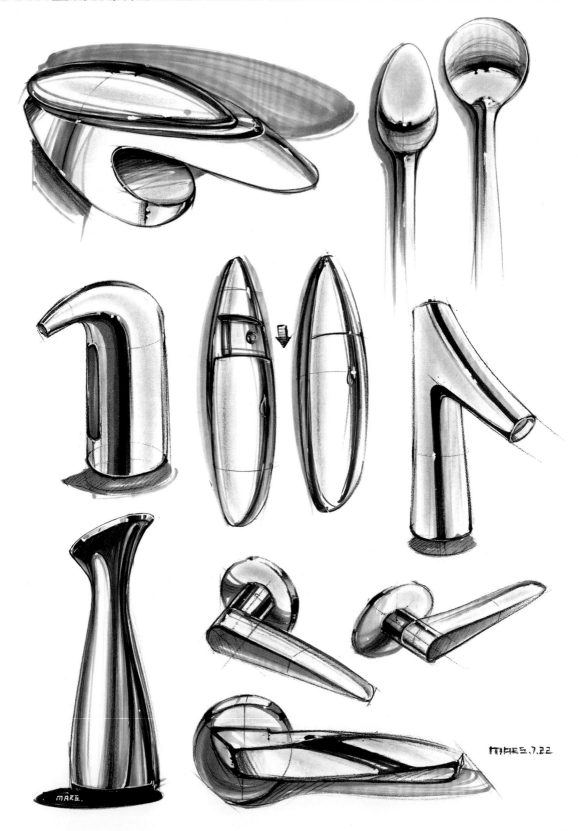

4.2 玻璃材质

在生活中经常见到的玻璃材质，如高脚杯、茶杯等。玻璃材质受环境影响很大，通透性强，从而可以产生丰富的色彩效果。与玻璃材质的透明属性相关的物品有很多，如钻石、冰块、透明塑料等，在这里讲解玻璃材质的手绘方法，希望大家能学以致用，举一反三。

玻璃材质实物

4.2.1 玻璃材质的绘制原理

玻璃材质具有透明、反射、折射3个主要特征，在手绘材质表现中十分重要。将玻璃材质放在某个环境之中，其表面会反射光和周围环境，这样透明度就会减弱。反射的光越弱，所反射的周围环境也会越模糊。折射性主要体现在曲面透明材质中，透过物体本身观察背景会发现物体有发生变形的现象。

如下图所示，正方体在由完全透明向不透明过渡的过程中，其材质与光、环境的关系随之发生变化。

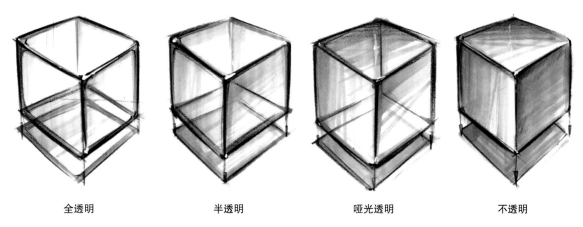

全透明　　　　　　　半透明　　　　　　　哑光透明　　　　　　　不透明

4.2.2 玻璃材质基本形体表现

以玻璃材质的透明圆柱体为例，通过步骤演示详细解析玻璃材质基本形体的表现方法。

（1）绘制出空心圆柱体轮廓。

（2）用铅笔绘制出光影变化，通过画出地面投影来表达出透明质感。

（3）对玻璃材质细心观察会发现立面的轮廓颜色最重，因此用CG6马克笔画出立面。为了表现其通透性，投影用较浅的笔绘制出来。

（4）玻璃材质的明暗对比强烈，用铅笔加深形体变化效果，然后用高光笔表现高光，整体质感才能表达出来。

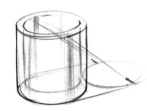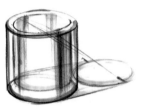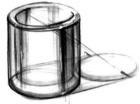

玻璃材质在产品设计手绘中的应用

4.2.3 玻璃材质产品实例表现

以玻璃杯为例，解析玻璃材质产品的绘制方法。

（1）用黑色彩铅绘制出一个方口的玻璃杯。

（2）玻璃杯底部较厚，用CG6马克笔加深玻璃杯的杯壁。

（3）为了表现其通透性，将投影用较浅的WG4马克笔绘制出来。

（4）进一步增强明暗对比，用铅笔加深玻璃杯的形体变化效果，然后用高光笔表现高光，表现整体质感。

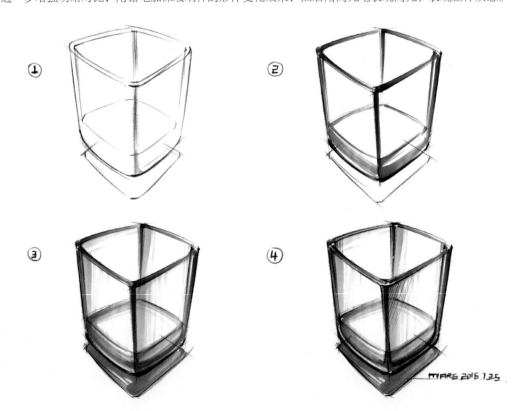

4.2.4 玻璃材质在产品设计手绘中的应用

木纹材质

　　木材是传统的设计材料，自古以来就被用于制作家具和生活器具，由于属于天然的材料，其肌理和颜色具有很高的美学价值。目前市面上除了原木材产品外，仿木纹材质也被大量用在产品设计之中。

木纹材质

4.3.1 木纹材质的绘制原理

　　不同的木材具有不同的纹理分布，在产品设计手绘中，需要了解木纹变化的规律。先将物体的光影效果正确表达，然后在此基础上描绘纹路。从木材的横截面上看，木纹由内向外，是以不规则的同心圆形式扩散的；从木材的斜截面来看，木纹呈现波段形态；从竖截面来看，呈现直条纹形态。木材经过表面涂漆处理后，具有反光效果。

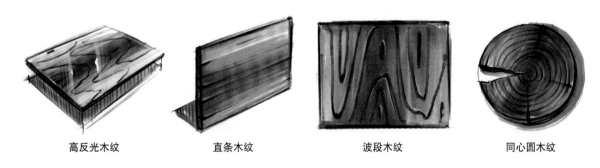

高反光木纹　　　　　　　　直条木纹　　　　　　　　波段木纹　　　　　　　　同心圆木纹

4.3.2 木纹材质基本形体表现

　　以原木木纹为例，通过步骤演示详细解析木纹材质基本形体的表现方法。

（1）用铅笔绘制出圆柱体。

（2）通过对木纹的理解，绘制木纹走向并加深形体转折面。

（3）用色粉将木材的亮部进行均匀涂抹，表现亮部转折效果。

（4）用相同颜色的马克笔随着形体画出固有色，着重加深形体转折面。

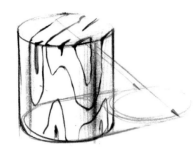

4.3.3 木纹材质产品实例表现

以咖啡机与面包机为例，解析木纹材质产品的表现方法。

（1）在家电产品中，木纹多以扣件的形式作为装饰效果。绘制两个产品的线稿。

（2）在这里先设定木纹材质的扣件，用33号黄色马克笔进行着色，然后用CG4号马克笔绘制产品的塑料材质。

（3）通过前面对木纹的理解，绘制木纹走向并加深形体转折效果。

（4）用白色彩铅绘制出表面高光，使木纹材质更加精致。

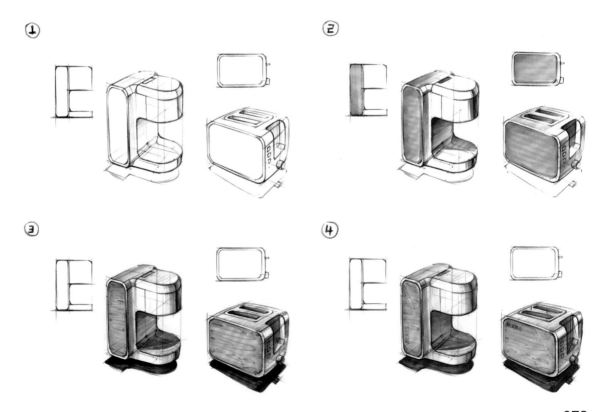

4.3.4 木纹材质在产品设计手绘中的应用

4.4 皮革材质

皮革材质经过人工处理后，其表面具有不同形状的纹理，加上其松软的特性，多用于生活用品上，如皮包、座椅装饰等，可以提升产品的质感。

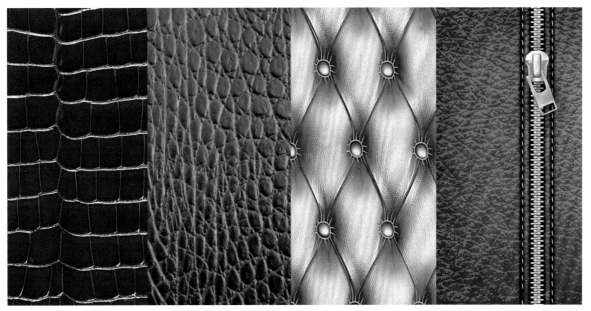

皮革实物

4.4.1 皮革材质的绘制原理

在绘制皮革材质时，除了皮纹之外，缝制的缝线是体现皮革的重要组成部分，不可缺少。皮革从光泽度上分为光泽性皮革和哑光性皮革。表现光泽性皮革时，要快速润色，应块面分明，结构清晰，线条挺拔、明确，明暗对比强烈。在表现哑光性皮革时，着色需要均匀、湿润，线条要流畅，明暗对比较柔和。

光泽性皮革

哑光性皮革

光泽性皮革缝线纹理

4.4.2 皮革材质基本形体表现

以光泽皮革为例，通过步骤演示详细解析其表现技法。

（1）用铅笔绘制出圆柱体。

（2）通过对皮革的理解，跟随形体变化绘制缝线，顶部做金属件处理。

（3）用色粉将皮革的亮部进行均匀涂抹，表现亮部转折效果。

（4）用相同颜色的马克笔随着形体将固有色快速画出，着重加深形体转折面。用高光笔表现转折面的高光即可。

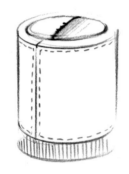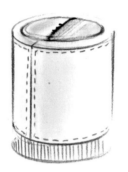

4.4.3 皮革材质产品实例表现

以皮革材质的钱包为例，解析皮革材质产品的表现方法。

（1）在注意透视构图的情况下，用铅笔绘制出钱包的线稿，并绘制钱包边缘缝线。

（2）钱包是一个形体比较饱满的物体，随着形体用棕色马克笔从中间向两边进行快速排笔。

（3）用颜色鲜艳的马克笔绘制卡片，使其与钱包形成色彩对比。然后用色粉均匀涂抹皮革的亮部，表现亮部转折效果。

（4）收形阶段，用相同颜色的马克笔随着形体对固有色快速润色，着重加深形体转折面。绘制皮革纹理，用高光笔表现转折面的高光即可。

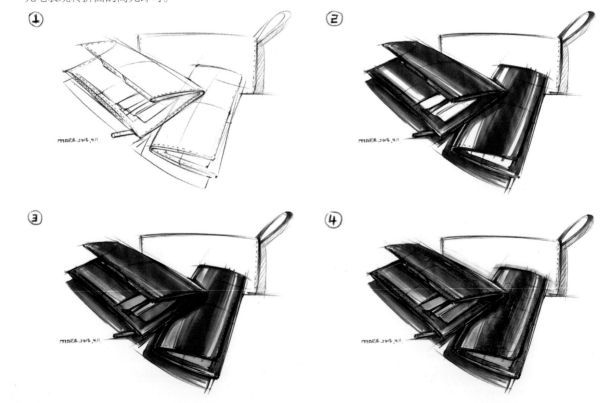

4.4.4 皮革材质在产品设计手绘中的应用

4.5 塑料材质

从人们的日常生活到国家的国防建设，到处都能看到塑料材质。这种人工合成材料在人类发展历史上扮演了非常重要的角色，不仅极大地丰富了人们的物质需求，也潜移默化地影响着人们的消费观念。

塑料材质具有极强的可塑性，几乎包含了其他所有材质的特点。塑料制品也在工业产品中占有绝大比例，如透明的矿泉水瓶，仿皮革材质的相机边框纹理，经过表面处理后具有光滑质感的家电产品等。

4.5.1 塑料材质的绘制原理

在产品手绘表现中，一般将塑料材质分为光泽塑料和亚光塑料分别表现。光泽塑料的特点是反光强烈，着色时需要快速上色，必要时暗部留白。亚光塑料明暗对比弱，高光和反光较弱，上色时需要均匀着色。

如下图所示，从光泽度上区分，反光性由高到低依次是：光泽塑料、微亚光塑料、亚光塑料、亚光软胶。

4.5.2 塑料材质基本形体表现

以无线门铃为例，通过步骤演示详细解析塑料材质基本形体表现技法。

（1）用铅笔绘制出3个不同角度门铃的大体轮廓与细节。

（2）通过截面线可以表现门铃的表面是比较饱满的，随着形体用蓝色与黄色马克笔从中间向两边进行快速排笔。

（3）用蓝色色粉对表面的亮部进行均匀涂抹，表现亮部转折效果。

（4）用黑色彩铅的侧锋着重加深形体转折面，然后用高光笔表现高光，使整个产品表面更加晶莹剔透，接着用绿色马克笔绘制背景，丰富画面。

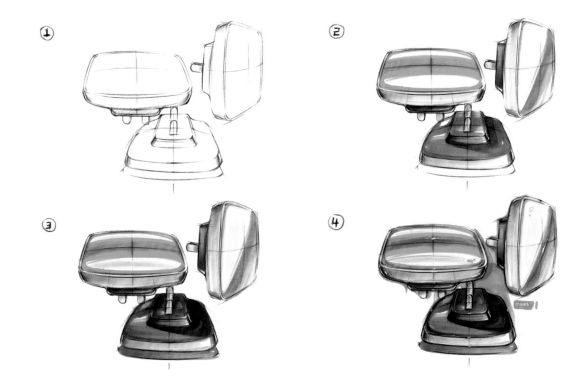

4.5.3 塑料材质产品实例表现

以手持吸尘器为例，解析塑料材质产品的表现方法。

（1）用铅笔绘制出吸尘器的大体轮廓和细节。

（2）用铅笔的侧锋画出形体变化效果。

（3）用BG3马克笔随着形体，快速画出形体变化转折效果。

（4）用相同颜色的马克笔随着形体加强固有色，着重加深形体转折面，然后用高光笔表现转折面的高光。

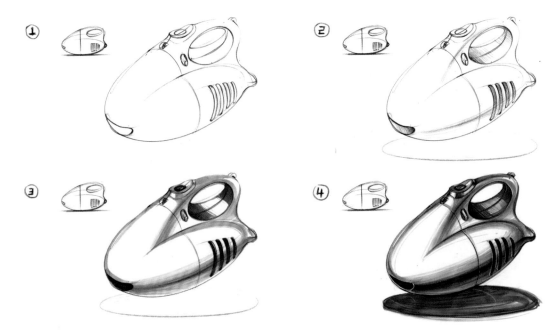

4.5.4 塑料材质在产品设计手绘中的应用

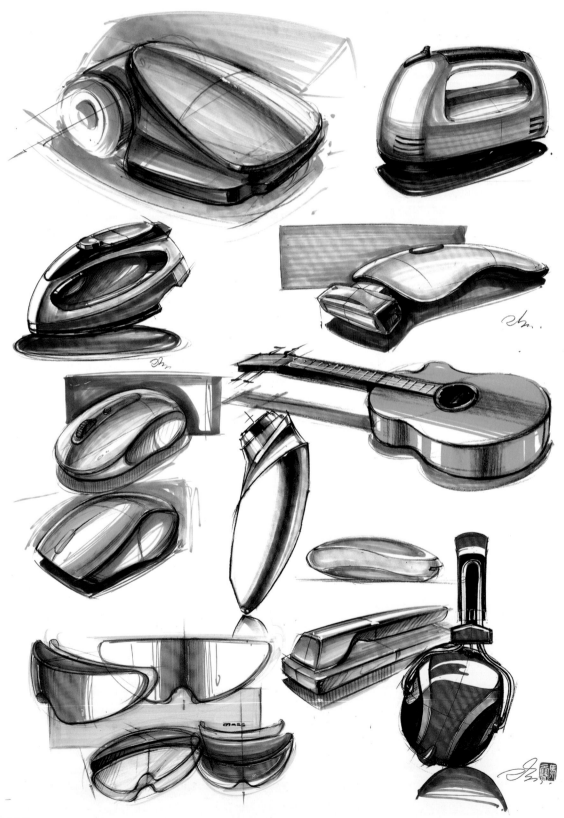

05

工业产品设计手绘爆炸图表现

产品爆炸图，又称产品拆解图或产品分件图。主要是为了阐明产品每个部件的材质、名称及结构拼接形式，使他人更能理解产品。产品设计师在产品设计手绘阶段通过产品爆炸图的绘制，主要用于辅助设计沟通交流和判断其前期设计概念的可行性。绘制出好的爆炸图可以有助于设计师在设计阶段少走弯路，提升工作效率；有助于提高设计师对产品结构的理解，增加自我的知识储备。

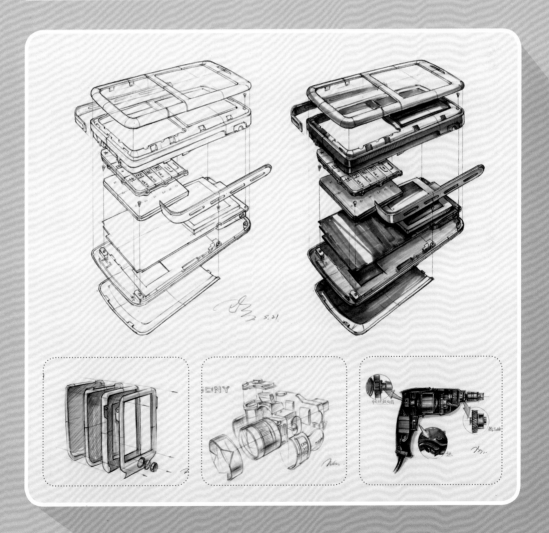

5.1 产品爆炸解析图绘制原理

　　想要绘制出好的产品爆炸图，在注意透视的同时，采用重叠的方法比较实用，可以用于确定产品部件之间的对应关系，通过辅助线将产品的每个部件按前后左右的比例关系，串联起来。

　　以下为产品爆炸图常见的3种形式：向左右发散、向下发散、伞状形式发散。

5.2 简单形体的爆炸图绘制方法

　　以手持类设备为例，通过步骤演示详细解析简单形体的爆炸图绘制方法。

（1）绘制出最前面的分件，作为参考辅助。

（2）根据透视和前后比例关系，通过透视辅助线，依次绘制出每个部件的轮廓。

（3）在注意前后细节对应的同时，用加减法去塑造形体，刻画细节，为产品部件适当添加阴影，增强层次关系。

（4）使用马克笔着色，区分产品每个部件的材质。

实物参考

 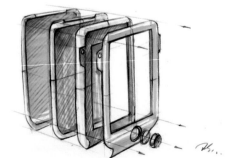

5.3 较为复杂形体的爆炸图绘制方法

以数码相机为例，通过步骤演示详细解析较为复杂形体的爆炸图绘制方法。

（1）对于复杂的形体可以先从整体进行概括。可以将相机镜头理解为简单的圆柱体，并快速绘制中轴线，然后以中轴线作为透视方向，逐个绘制其他基本形体。

（2）根据透视及前后比例关系，通过透视辅助线，依次绘制出相机每个部件的轮廓。

（3）在注意前后细节对应的同时，用加减法塑造形体，刻画细节，然后为产品部件适当添加阴影，增强层次关系。

（4）添加阴影，增强产品形体变化效果。

实物参考

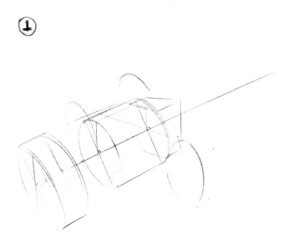

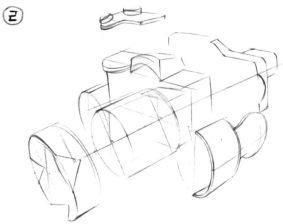

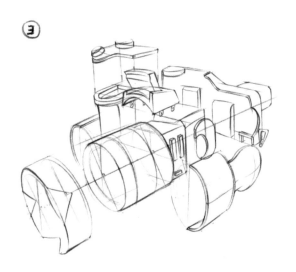

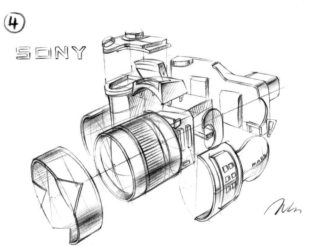

5.4 产品侧视爆炸图绘制方法

除了常见的3种爆炸图展开形式之外，还有一种特殊的形式，那就是产品侧视爆炸图，主要是以侧视的展开方式，使他人看清每个部件的布局方式。下面以充气钻侧视爆炸图为例进行详细解析。

（1）侧视图相对来讲比较容易，但需要注意比例关系，应该先绘制产品轮廓。

（2）根据轮廓确定内部结构比例关系。

（3）刻画每个部件的形态。

（4）进一步刻画细节，以画出阴影的形式衬托每个部件。

（5）用深色马克笔，进一步衬托部件。

（6）为每个部件进行着色，凸显材质本色。

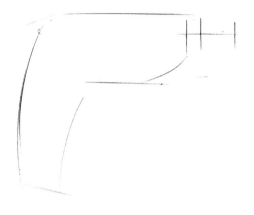

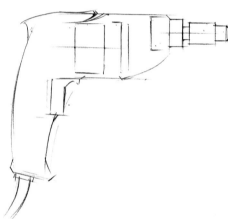

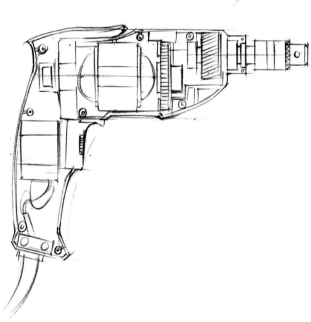

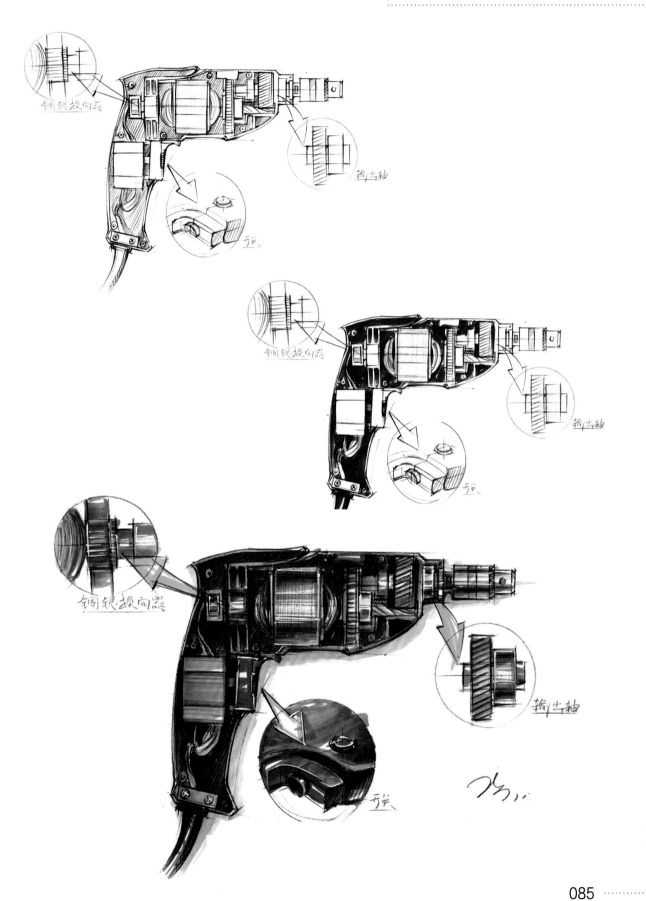

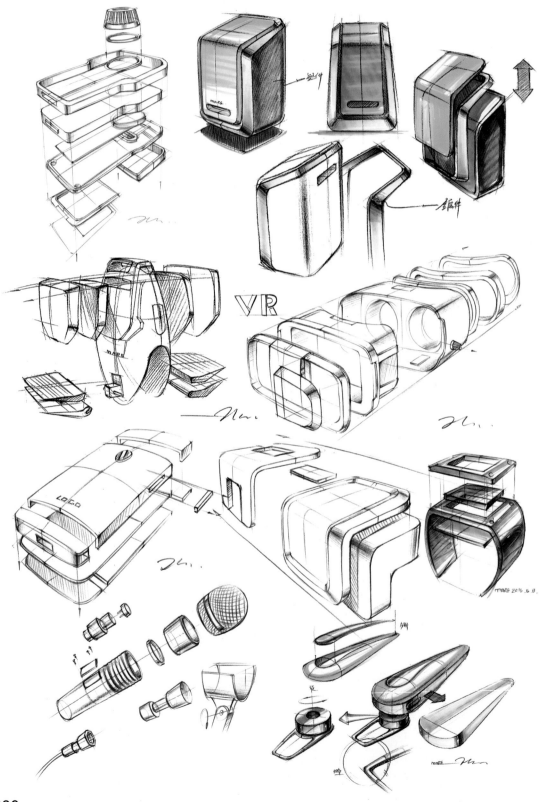

06

诠释工业产品手绘效果图

本章是将我们前面所学的知识进行归纳，便于更好地学习设计方法。通过总结性的表达方法，将设计构思在纸面上全面呈现出来。

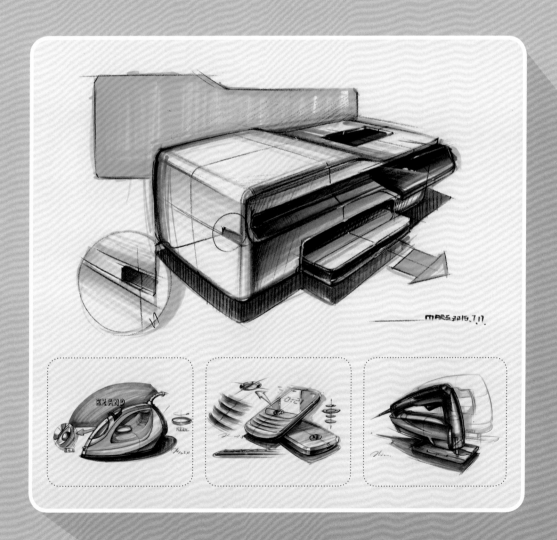

表达方法是设计师在手绘创作时，向他人呈现想法的书面语言，既然是"语言"，就需要有规范和标准。在绘制整体效果图时，设计师需要考虑怎样将所表达的创意想法，在纸面上呈现出来。在表达过程中需要注意几个要素：排版布局、指示箭头、爆炸图、背景图、细节图、辅助示意图等，这些都是将脑海中的设计形态最终解释给他人的"语言"。

6.1.1 排版布局

我们应如何去诠释一幅作品，使他人很快就能够读懂设计草图？往往排版布局在很大程度上会影响设计师与客户之间的沟通。整体的排版包括多视角的透视图、局部图、文字、爆炸图、辅助示意图等，可以通过这些方式对产品创意设计进行表达。

整体画面的排版布局，以下两种类型最为常见。

1. 一个主体为中心型

此类型主要是深入刻画一个透视角度的产品效果，应该以突出产品的材质和形体为主，周围分布细节图及说明文字。

2. 两个主体为中心型

此类型主要刻画产品两个不同角度的效果，能多方位清晰地介绍产品的形态结构，使客户更清楚设计师表达的概念想法。两个不同角度可以相互叠加，周围带有细节图等诠释性要素即可。

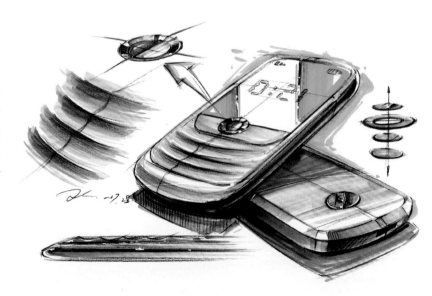

6.1.2 指示箭头

通常指示箭头用来表达产品的细节图、视角的转移等，在工业产品设计手绘中有各式各样的形式，指示箭头能表达出设计者的意图即可。

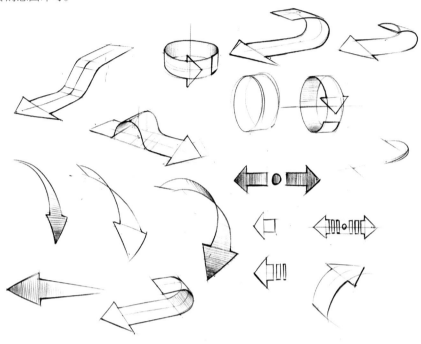

6.1.3 爆炸图

在05章中详细讲解了产品爆炸图的绘制方法，它在整个产品版面中主要起辅助作用，使整个产品设计形态在结构上更具合理性。

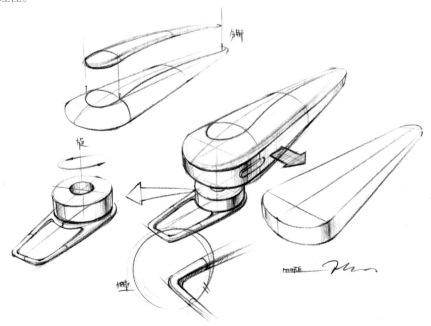

6.1.4 背景与阴影

　　背景与阴影在产品手绘效果图中主要起烘托作用。在初级阶段，可以利用一个基本形衬托主体；但在掌握手绘的基本技巧后，能够灵活自如地把控整个画面时，可以根据产品的特性、表达的语义，进行有创意的绘制。

　　下图是以矩形作为背景形状，以俯视图作为阴影。采用色彩鲜明的颜色作为背景，衬托色彩明度较低的产品，使画面更具活力。

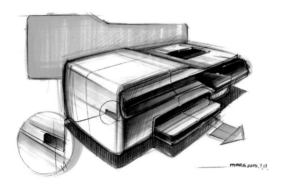

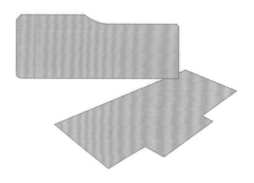

产品手绘效果图　　　　　　　　　　　　　　　　　　　　背景及阴影

　　下图是以产品的侧视图作为背景，以俯视图作为阴影，使画面更具渲染力。

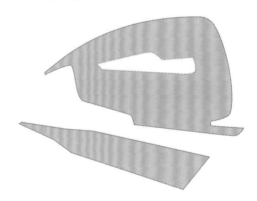

产品手绘效果图　　　　　　　　　　　　　　　　　　　　背景及阴影

　　下图是以产品轮廓造型作为参考，润色后的图形作为背景，使画面更具渲染力。

产品手绘效果图　　　　　　　　　　　　　　　　　　　　背景及阴影

6.1.5 细节图

在产品设计手绘中的细节图分为两种，一种是局部细节图，另一种是细节特征图。

局部细节图： 在绘制产品手绘效果图时，有一些比较重要的细节，如果这些细节在整体效果图上因所占比例少而使得表达不够具体，这时可以将产品局部细节用箭头的形式指引出来，同比例放大，进一步说明产品的结构、材质等特征。同时也起到丰富画面的作用。

细节特征图： 在绘制产品手绘效果图时，并非将细节图脱离出来，而是添加一些细节特征，来展现产品的细节特征，使设计草图更具有真实性。同时也能使整个设计更加生动。

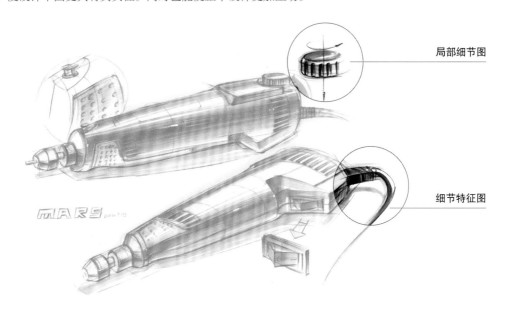

局部细节图

细节特征图

6.1.6 辅助示意图

产品与人们的生活息息相关，在手绘过程中，为了进一步说明产品的尺寸与人机关系，可以通过产品与人肢体之间的互动关系来辅助设计，其中以头部与手的穿戴类产品居多。

手持类产品具有极大的灵活性，手的基本动作为抓握、放松、提拉、按压、捧举等。在绘制的过程中，需要考虑手与产品的比例协调关系，最简便的方法是以自己的手拿捏与实际产品大小相似的物体，作为参考对象。

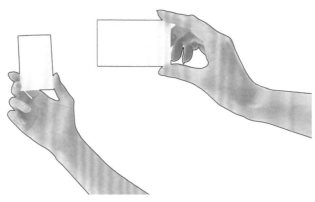

用手作为参考对象

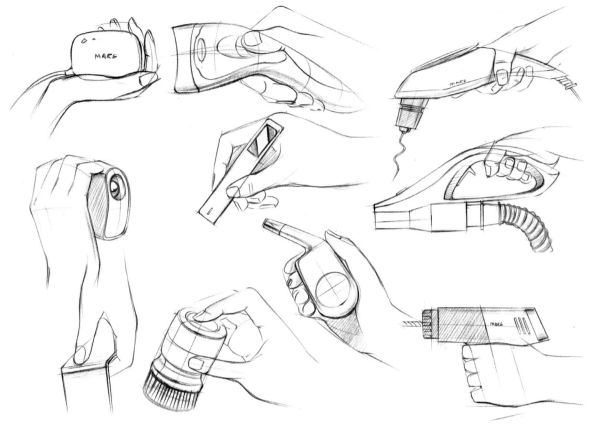

手持类产品欣赏

头戴类产品，由于头部轮廓较为复杂，在绘制产品手绘时，徒手画头像很容易产生比例尺寸不正确的问题，因此要学会用简便、快捷的方法绘图，用标准的人物头像图作为绘图底稿，在上面绘制产品草图即可。常见的头戴类产品为头盔、防毒面罩，还有目前市面上最热门的VR眼镜等。

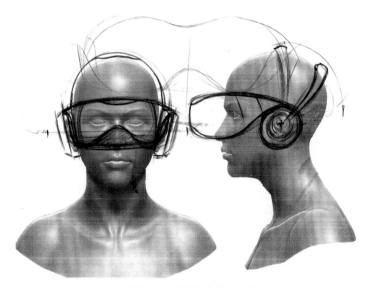

以标准人物头像图作为绘图底稿

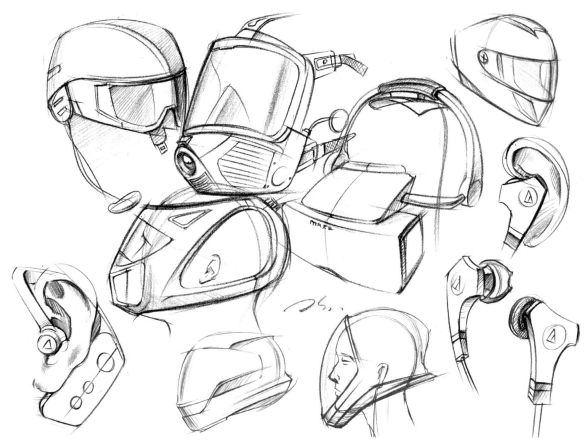

头戴类产品欣赏

6.2 工业设计手绘的表现种类

　　工业设计手绘针对设计的用途分为3种："头脑风暴"创意草图、公司提案手绘效果图和考研快题手绘效果图。它们所呈现出来的效果各不相同，下面将进行详细讲解。

6.2.1 "头脑风暴"创意草图

　　设计师在设计调研后，开始设计草图绘制，这时候的设计草图版面往往会比较随性，但更能表达设计师思考问题、解决问题的设计思路与鲜明的个性。往往最初的设计草图最能影响后续的设计效果。同时在绘图过程中，可以提高你的绘图速度，突出设计师本身的绘图技巧，形成自己的风格，使你的设计更具有说服力和吸引力。

　　手绘作为一种表达思维的载体，更多的是在于创意想法的再现，而不仅仅是炫酷的表达技巧。我在设计草图阶段，通常会在一个小本子上记录自己最初对产品的理解，哪怕是一根线条，或是一个仿生的动物形态。

6.2.2 公司提案手绘效果图

公司提案手绘效果图，最主要的是表现产品的可实现性，将创意用纸面的形式展现给客户，使客户能完全了解你的创意。所以在表达效果方面主要是将表面材质、结构拆件等表达清楚即可。

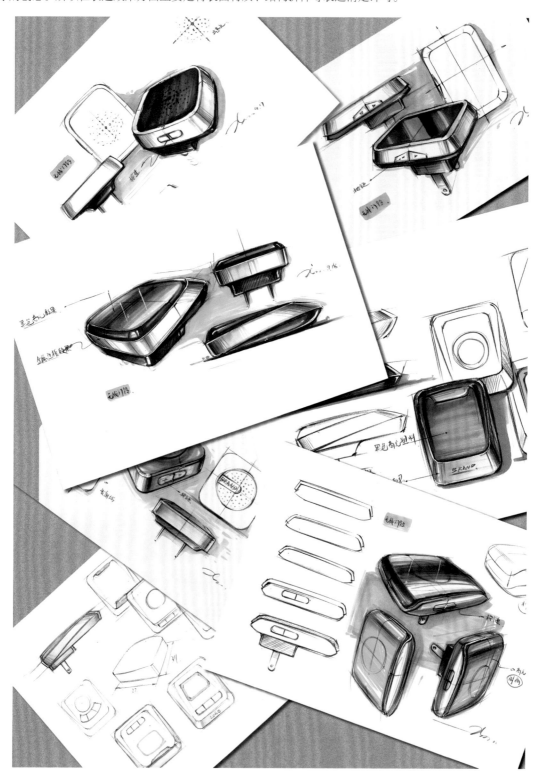

6.2.3 考研快题手绘效果图

考研快题手绘效果图是在统一规定的时间，完成考卷上面的考题。为了使考官能更加快速读懂你的设计，整体画面的排版布局尤为重要，其画面表达方式更为丰富。

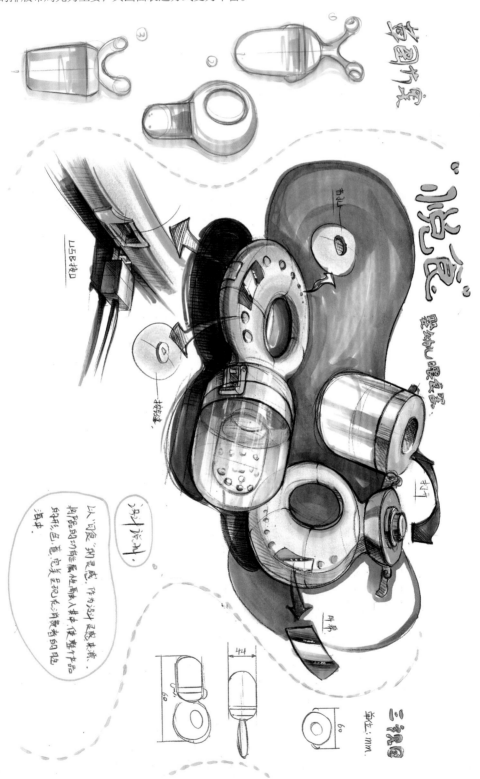

07

工业产品设计手绘综合表现

本章主要是通过具体的案例分析来理解、巩固前面所学的知识。案例涉及了家居生活、电子消费、文体、工程器械、交通、科幻等不同的产品类别，全面分析了具有代表性的产品是如何通过手绘表现出来的。每个案例以产品实物图作为参考，通过手绘的方式将复杂的产品转换为简单的形态组合，以此为后面的手绘提供指导性方法，大大提高了初学者的手绘的概括能力和学习效率。

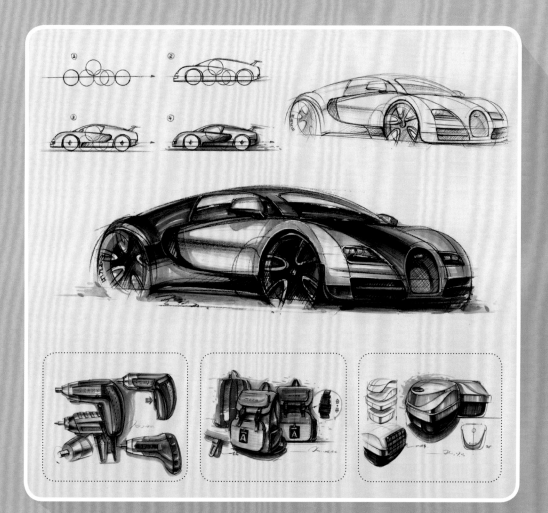

7.1.1 吹风筒设计

吹风筒是人们日常生活中必不可少的小电器，主要用于吹干头发。近年来随着对品质的追求，吹风筒的造型变得多种多样，下面通过对一款吹风筒的造型分析，快速理解这类产品的绘制方法。

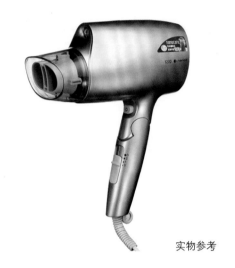

1. 绘制分析

第1点：将形体简单化，将吹风筒理解成两个相互穿插的圆柱体。

第2点：在穿插组合后的基本型上，分割出产品的每个部件。

第3点：逐步刻画部件中的细节。

第4点：用单色马克笔表达出产品的形体变化效果，使产品造型更立体化，为后面的绘制提供理解性的参考。

实物参考

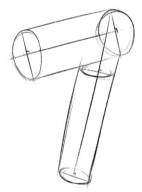

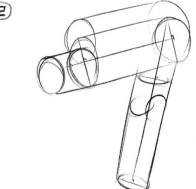

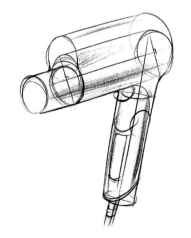

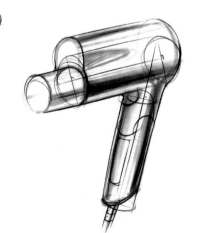

2. 步骤详解

01 通过前面的形体分析，大家对吹风筒的基本形体结构应该有了清晰的认识，接下来首先通过两点透视的方法，将产品的大体轮廓勾勒出来。

02 注意比例与透视关系，将产品的细节部分大致绘制出来。

03 深化细节，将小部件的形体大致绘制出来。

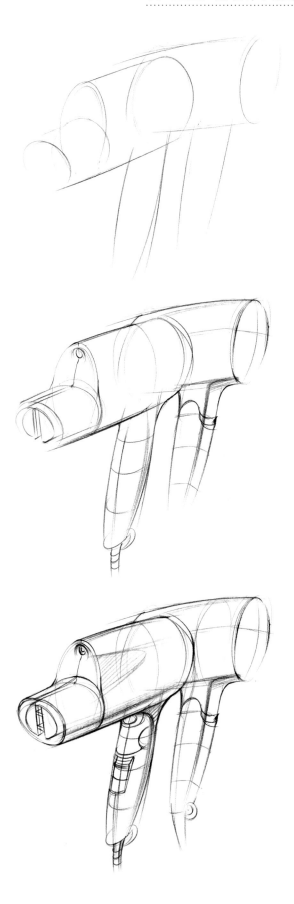

04 为了丰富版面，绘制出细节图及开关滑动的示意图。

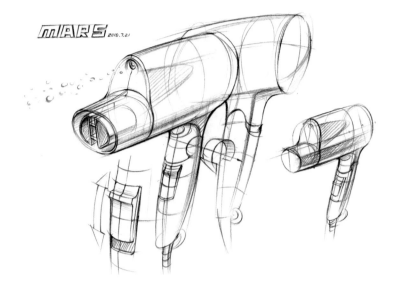

05 用66号蓝色、74号紫色马克笔随着形体绘制出产品的主体颜色。

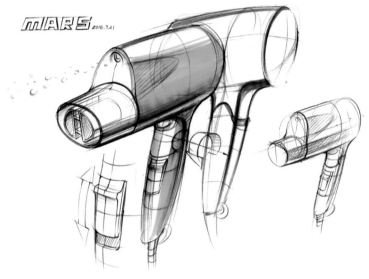

06 用24号黄色马克笔画出指示箭头，然后用66号蓝色马克笔绘制细节图。

07 用68号蓝色马克笔简单勾勒出水汽，使画面效果显得更加真实。

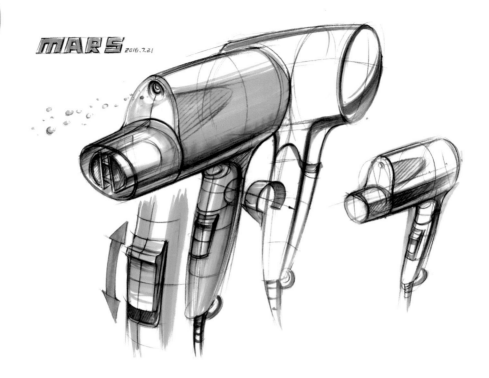

08 用WG4号暖灰色马克笔绘制出阴影以衬托主体，然后用高光笔在形体转折面点出产品的高光，使产品的质感显得更加强烈。

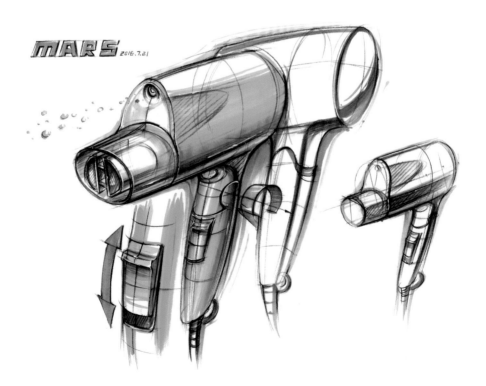

7.1.2 剃须刀设计

剃须刀是男士个人护理的必备用品之一，下面这款飞利浦剃须刀有流动的线条感，既融入了人机工程学的舒适感，又体现了产品外观设计中的美感，使此款剃须刀在同类产品中堪称经典。那么怎样去分析和绘制这款产品呢？

1. 绘制分析

剃须刀虽然复杂，但只要学会将形体简单化，将复杂的形体理解为由简单的点线面拼接而成即可。

第1点： 首先在注意透视的同时，将刀头和机身的大概外形绘制出来。

第2点： 通过"减"的方法，将产品的转折面绘制出来。

第3点： 用马克笔随着形体简单铺色，构建出简单的形体结构关系。

实物参考

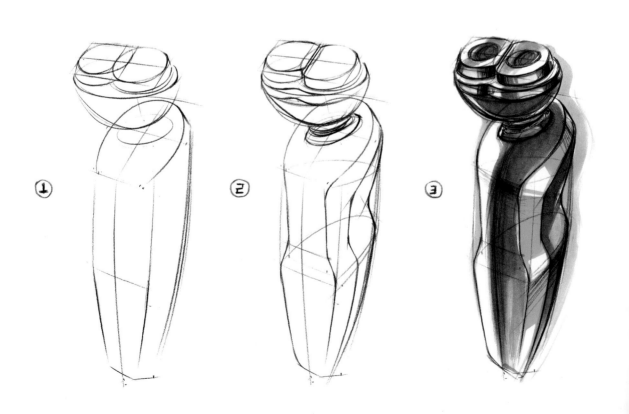

2. 步骤详解

01 用轻松的线条将整个产品的大体轮廓勾勒出来，并将细节图、细节爆炸分析图及相应场景示意图的大致形体结构分别画出来。

02 按总体形体透视，逐步丰富整个产品的细节。

03 用黑色彩铅进一步加强形体转折部分（注意排线由重到轻，由密到疏），适当区分各个部位的材质。

　　剃须刀头的绘制也是将最简单的圆形进行拼接而形成的，具体步骤如下。

① 先画出两个位于同一平面的圆形。

② 用曲线相切于两个圆形。

③ 用平行的直线进行切割，得出基本的轮廓型。

④ 刀网是从中心向四周发射的线条。

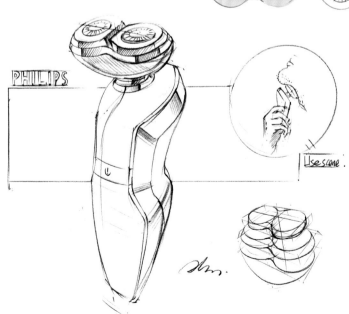

04 用马克笔上色时需要分析该产品的材质及配色，选择适合的马克笔颜色，剃须刀给人以冷酷的色彩感受，所以用CG6灰色马克笔将塑料件的暗部颜色绘制出来，上色的过程中随着形体绘制，暗部需要有透气感。

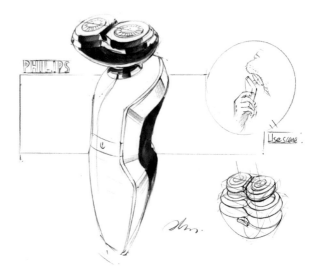

05 用蓝色色粉将边框的灰色转折部分擦出来，考虑到受环境影响，亮的部分也略带一些蓝色。

　　色粉用于表达形体亮面与暗面之间的过渡面，用纸巾随着形体进行涂抹，务必要均匀。

所使用色粉型号

色粉涂抹痕迹　　色粉使用示范

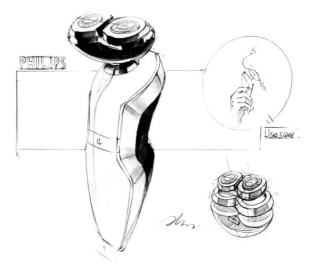

06 用CG4灰色马克笔随着形体的走向将亮部的材质绘制出来，然后用66号蓝色马克笔将金属边框的固有色绘制出来。

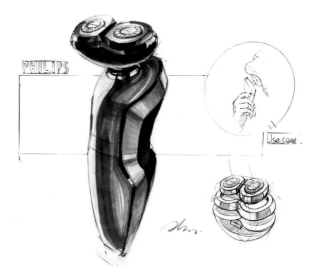

07 待第1遍马克笔颜色变干后进行第2遍上色，此时着重加深形体转折面，注意要过渡柔和，然后用白色彩铅画出被马克笔笔触掩盖的转折线，凸显形体。

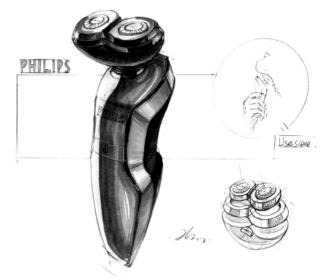

08 用46号绿色马克笔画出背景以衬托产品。场景示意图略带色彩，只要表现出形体变化效果即可（切勿喧宾夺主而影响主体的表现）；为了突出主体物，细节图和局部爆炸分析图可不上色。丰富细节，用高光笔和白色彩铅画出产品的高光；用马克笔画出镜面倒影，给整个画面以立体的感觉，最后审视整个画面。

46

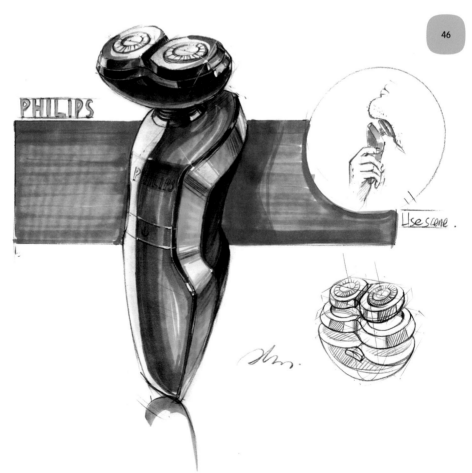

7.1.3 烤面包机设计

烤面包机是很多家庭的必备电器。设计师在设计烤面包机时应多从易用、简洁、安全等因素出发。下面这款设计不仅使用了简洁的几何形体造型，还选择了金属质感的材质，提升了产品外观的美感，更提升了消费者的生活品质。那么怎样分析和绘制这款产品呢？

1. 绘制分析

第1点：首先将形体简单化，将烤面包机理解为一个立方体。

第2点：将立方体按比例分成两个对立的形体。

第3点：将已有的形体进行二次倒角。

第4点：用大致颜色区分每个部件。

实物参考

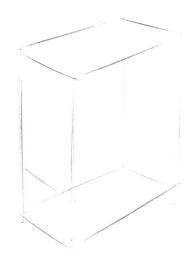

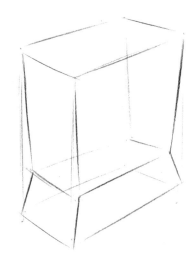

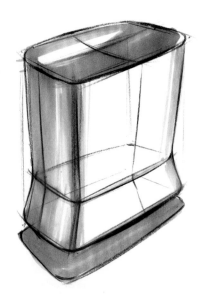

2. 步骤详解

01 通过两点透视的方法，将产品的大体轮廓勾勒出来。

02 注意比例与透视关系，将产品的细节部分大致绘制出来，然后将产品的正面轮廓也绘制出来。

03 深化细节，将小部件的形体大致绘制出来。

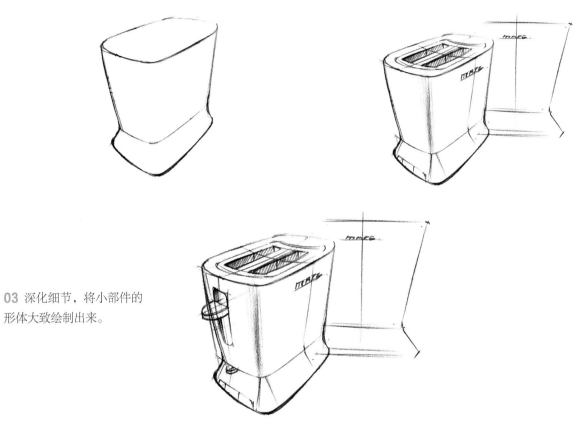

04 注意版面，根据版面的前后层次，画出背景，并用斜排线的方式画出阴影以衬托主体，然后继续完善细节。

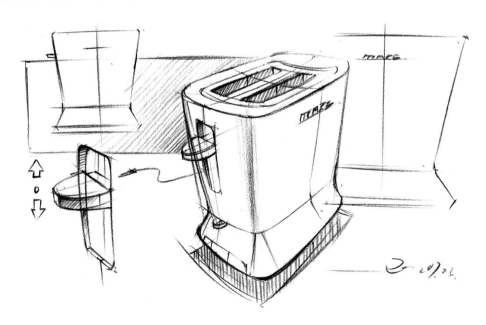

05 用BG3号蓝灰色马克笔以快速拖笔的方式绘制出产品的金属材质，然后用BG5号蓝灰色马克笔加深暗部转折面，接着用CG6号灰色马克笔以拖笔的方式绘制出黑色产品的塑料材质。

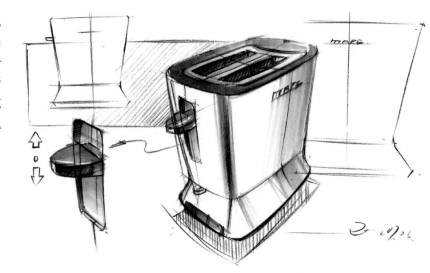

06 用87号紫色马克笔画出背景，背景需要有留白。然后用WG6号暖灰色马克笔画出主体的阴影部分，衬托主体。

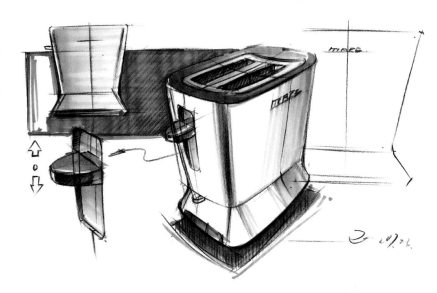

07 用007号蓝色色粉将金属材质的亮部转折部分擦出来，考虑到受环境影响，将暗部用011号棕色色粉擦出来，然后用高光笔在金属转折面点出产品的高光，使产品的金属质感显得更加强烈。

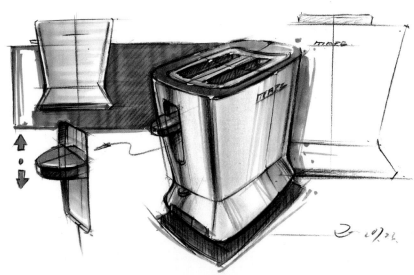

7.1.4 电熨斗设计

　　众所周知，电熨斗是平整衣服和布料的工具，是现代家庭必不可少的电器之一。市面上大多数的电熨斗外观设计采用曲面的设计手法，符合人手的抓握。

实物参考

1. 绘制分析

　　第1点：根据实物参考先将电熨斗的主体理解为四面体。

　　第2点：采用"加"的方法，将抓手部分概括地叠加出来，由此得出主体造型。

　　第3点：用"减"的方法，减掉把手处孔位。

　　第4点：按比例细化造型，用截面线将平面转化为曲面。

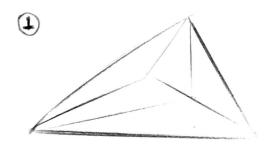

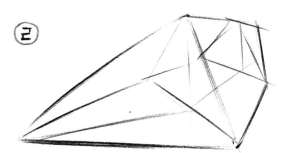

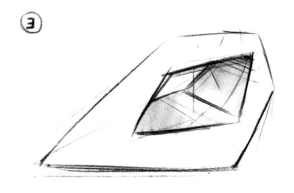

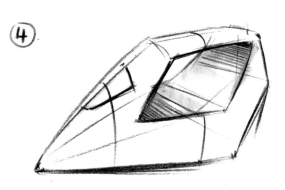

2. 步骤详解

01 用轻松的三点曲线将产品的大体轮廓勾勒出来。

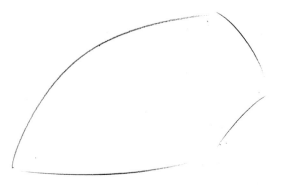

02 注意比例与透视关系，将产品的细节部件大致绘制出来。

03 深化细节，将小部件的形体大致绘制出来。

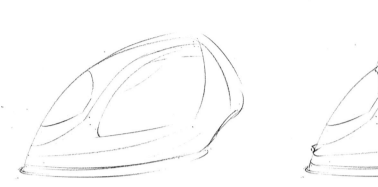
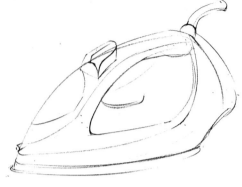

04 丰富版面，用光影将主体物的形体关系表达出来，使整个产品更有立体感，然后单独绘制出细节并用文字标明名称，以侧视图的轮廓作为背景。

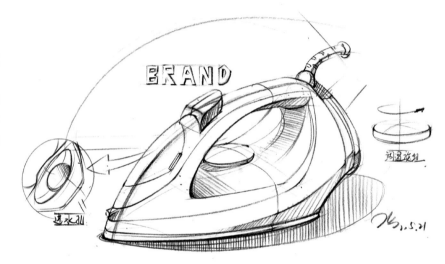

05 用88号紫色、66号蓝色马克笔绘制出相应的部件，然后用CG2号灰色马克笔随形体走向绘制出白色塑料部件。

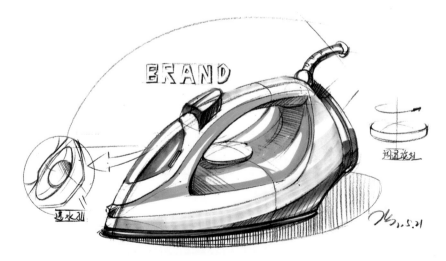

06 在中间蓝色马克笔留白处，用007号蓝色色粉进行擦拭。

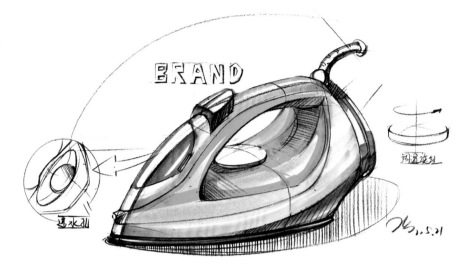

07 主体部分大致颜色绘制完后，用相应马克笔将细节部分的形体关系表达出来，然后用CG6号灰色马克笔快速绘制产品的阴影。

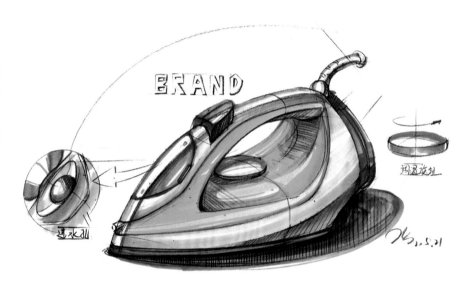

08 进一步深化，用WG4号暖灰色马克笔将背景绘制出来，起到衬托作用，然后用高光笔在形体转折面勾勒出产品的高光，增强产品光滑的质感。

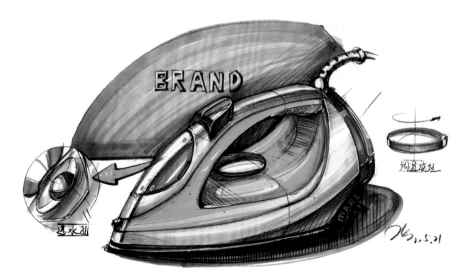

7.1.5 个人护理产品

随着生活品质的提高，个人美容护理产品也随之兴盛起来。手持护理产品主要体现在柔和的曲面和精致的色彩搭配等上。下面通过手绘的方式来看看如何绘制这款产品。

1. 绘制分析

第1点：此产品的侧视图最能体现该产品的造型，所以先绘制出横向与纵向的中轴线。

第2点：根据线条的走向作为参考，绘制出产品的轮廓。

第3点：在轮廓线确定后，根据比例关系绘制出产品的关键部件。

实物参考

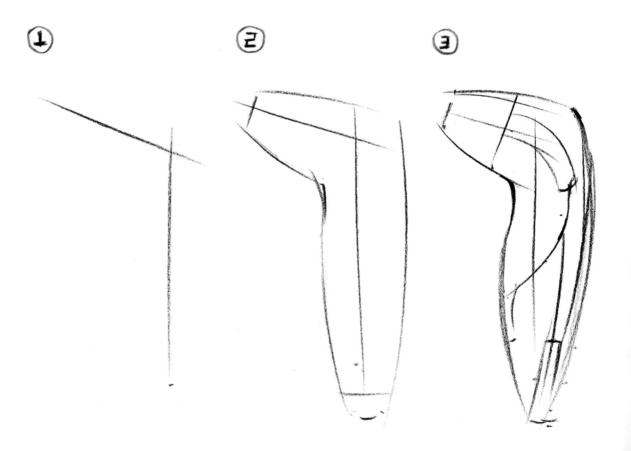

2. 步骤详解

01 先画出产品的中轴线，以中轴线为参考，画出产品的轮廓线。

02 开始深化细节，随着中轴线的走势，用椭圆形画出产品的截面，将产品的主要分形线也随着形体绘制出来。

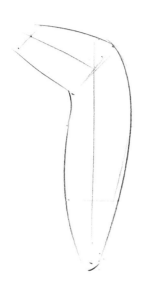

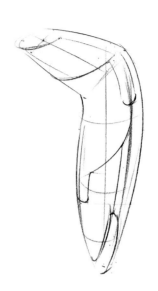

03 用笔的侧锋画出产品的形体变化效果，并画出产品的细节图，丰富整个画面。

04 用68号蓝色与CG2号灰色马克笔画出产品的主要部件颜色，并且要有留白。

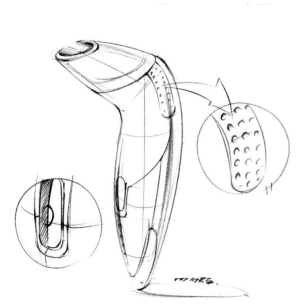

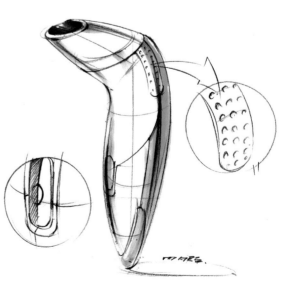

05 随着形体的变化，将细节相对应的颜色绘制出来，然后用WG4号暖灰色马克笔绘制阴影。

06 用WG6号暖灰色马克笔以竖排笔的方式画出背景，衬托产品，注意背景要有透气感。

WG6

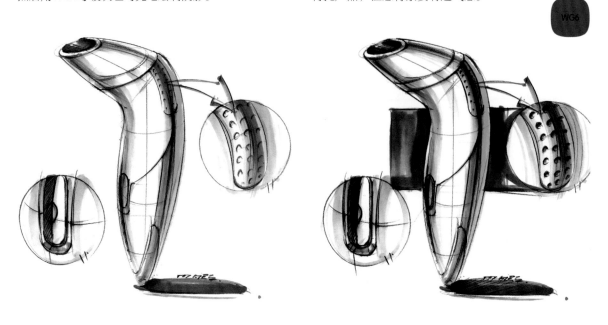

07 用高光笔画出产品的形体转折面和每个部件的小转折面，使绘制出的产品更具真实感

7.1.6 休闲椅设计

人们为了追求品质感，休闲椅品质也逐渐高档起来，下面这款设计不仅使用了简洁的几何形体造型，还选择了金属质感的材质，提升了产品外观的美感。那么怎样去分析和绘制这款产品？

1. 绘制分析

第1点：先观察这款椅子，它是由几个基本形体拼接起来的。

第2点：运用前面所学的曲线绘制方法，绘制出曲面。

第3点：将曲面进行偏移形成体。

第4点：用相应的颜色概括形体变化效果，构建出简单的形体结构色彩关系。

实物参考

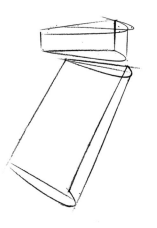

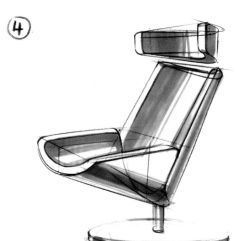

2. 步骤详解

01 在注意两点透视的同时，通过曲线的方法将产品的基本型勾勒出来。

02 刻画细节，注意比例与透视关系，将产品的3个基本部件绘制出来。

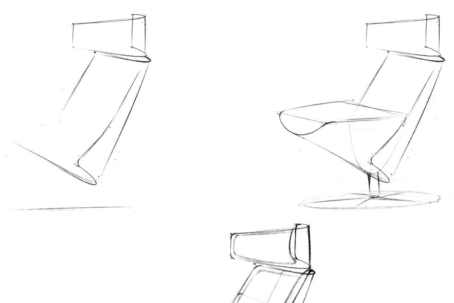

03 运用截面线将部件的形体走向表现出来。

04 添加阴影，增强形体变化效果。通过对椅子造型的理解，根据版面需求，绘制出椅子的后视立体图。

05 自定义配色部分，可以根据前面所学的木纹材质知识进行上色。用24号黄色马克笔以拖笔的方式快速绘制出主体的木纹材质。

06 用91号棕色马克笔随形体绘制出椅子内部的靠背与坐垫的材质，同时注意画面要有留白，并保持通透感。

07 为了使椅子的材质更加真实，用黑色彩铅绘制木纹纹路。

08 丰富画面，运用与黄色互补的63号蓝色马克笔进行背景色绘制，烘托画面的层次感。

7.2.1 游戏手柄设计

在游戏领域，除了鼠标和键盘之外，游戏手柄是最常用的。接下来通过下面这款产品，为大家讲解如何绘制游戏手柄。

1. 绘制分析

第1点：这款游戏手柄造型较为圆润，先将其侧视图绘制出来，了解整体形状。

第2点：对于一些细节可以用椭圆形或圆形的形式来概括。

第3点：在确保整体造型与局部比例正确后，进一步分割细节。

第4点：用相应的颜色概括形体变化效果，构建出简单的形体结构关系。

实物参考

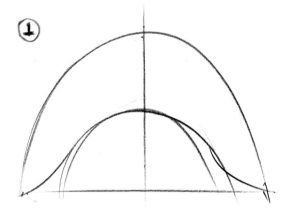

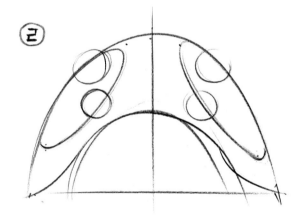

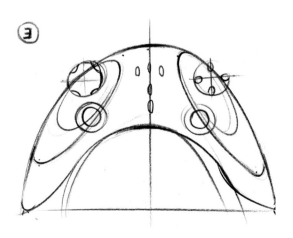

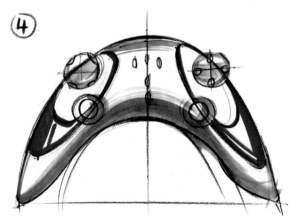

2. 步骤详解

01 通过对游戏手柄正面大概外形与体块关系的分析，可以更容易地绘制这款产品。在注意透视的前提下，用曲线画出产品的大致轮廓。

02 以曲线拼接的方式将产品的轮廓画出来。

03 在已有的产品轮廓内，跟随形体透视绘制出细节。

04 再次深化细节，刻画产品的按键。

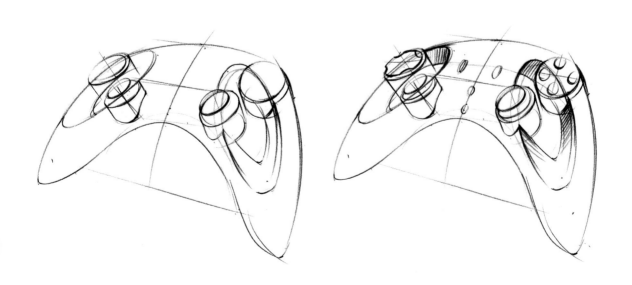

05 在形体转折面用笔的侧锋画出阴影，同时勾勒出倒影轮廓。

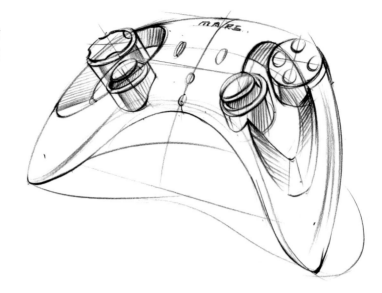

06 用CG6号灰色马克笔从产品形体的转折面开始上色。

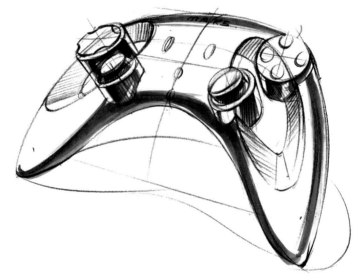

07 逐步丰富细节颜色，用11号红色马克笔随着物件的形体走向以排笔的方式画出颜色，注意要有留白，表现出反光的视觉感；刻画主体物，用CG4号灰色马克笔随着形体逐步从暗部过渡到亮部，使整个形体的变化效果更加圆滑。

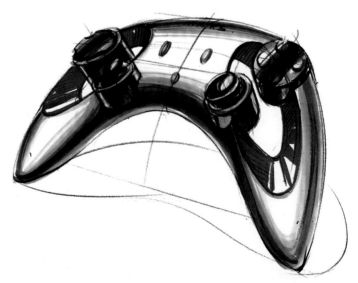

08 用白色彩铅将按键的转折线勾勒出来，以突出产品细微的形体变化。

09 因为该游戏手柄的固有颜色为黑色，所以用较为鲜艳的63号蓝色马克笔画出背景以衬托主体，然后用WG4号暖灰马克笔画出阴影，接着用高光笔画出形体变化效果即可。

63　　WG4

7.2.2 游戏鼠标设计

游戏鼠标是大家在玩电脑游戏时最常用的产品之一，下面这款竞技游戏鼠标采用人体工程学，左右对称设计，舒适的类肤质材料，结合侧面金属电镀拉丝工艺，兼顾极佳手感与华丽外形，对于酷爱电脑游戏的发烧友来说，无疑是极佳的选择。

1. 绘制分析

第1点：游戏鼠标的背面造型较为复杂，以曲面为主。以底面的平面作为参考，先绘制出基本形体。

第2点：在基本形体上，绘制出各个大的部件。

第3点：从大部件中细化每个小部件，逐步丰富细节。

第4点：用相应的马克笔随形体的基本走向绘制出颜色。

实物参考

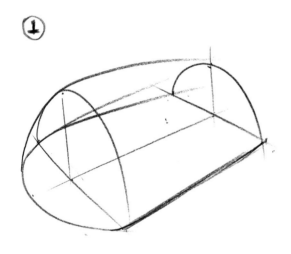

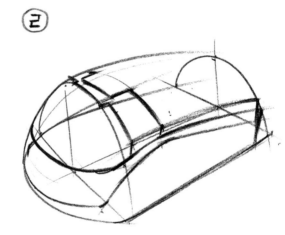

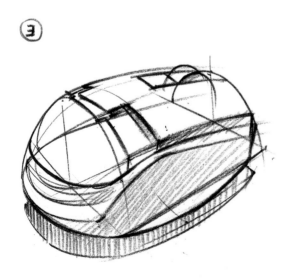

2. 步骤详解

01 通过前面的形体分析，清楚地了解鼠标的基本形体结构，接下来运用两点透视的原则，画出鼠标的两个透视角度的底面。

02 根据比例关系，画出产品的底面与顶面的位置关系。

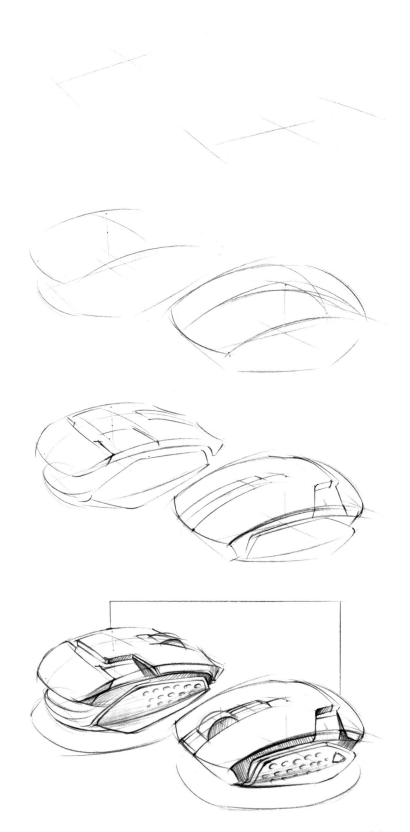

03 丰富细节，将鼠标产品的各个部件绘制出来。

04 以阴影的形式，加强产品的形体变化效果，使整个产品具有立体感。

05 为了丰富整个画面，绘制出产品的LOGO和鼠标的侧视图。

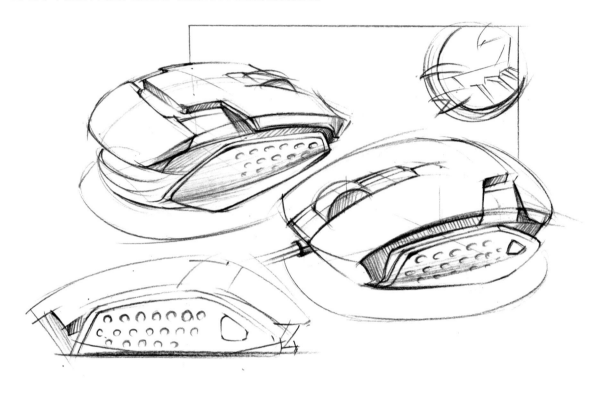

06 深入细节刻画，在小转折面加上阴影，增强产品的层次感。

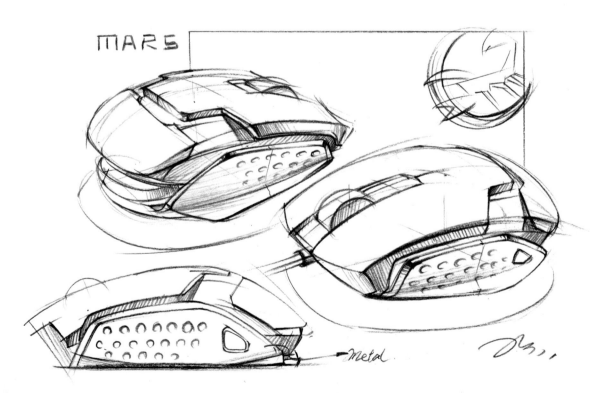

07 产品顶部是黑色的类肤材质，先用CG6号灰色马克笔顺着产品的形体走向画上大致颜色。两侧手指抓握部件为金属拉丝材质，用BG3号蓝灰色马克笔以拖笔的形式画出来。

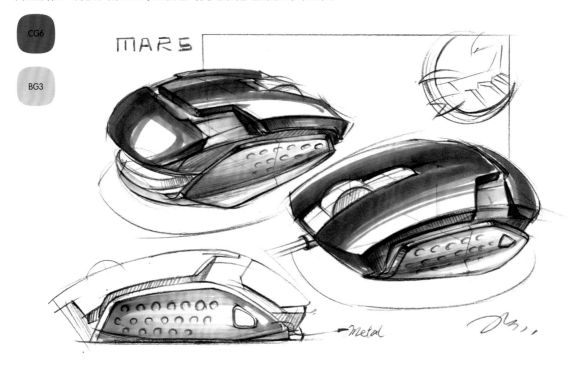

08 用66号蓝色马克笔为小部件上色，丰富画面颜色。

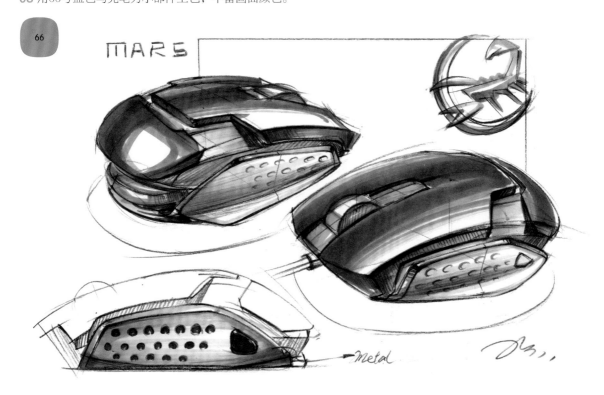

09 由于该鼠标的固有颜色是黑色，所以用较为鲜艳的46号绿色马克笔画出背景以衬托主体。刻画鼠标线，用93号棕色马克笔概括。然后用WG6号暖灰马克笔绘制出阴影以衬托主体。

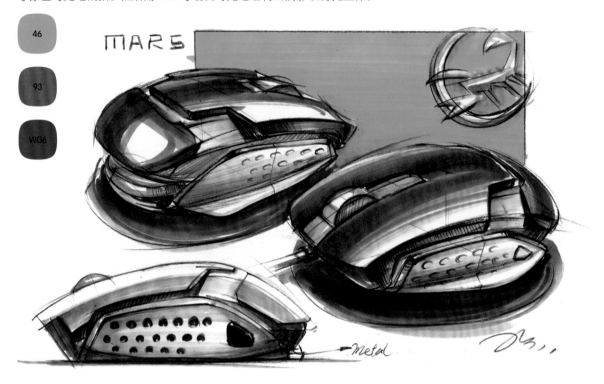

10 刻画细节，用高光笔刻画出金属件的转折面，增强质感。

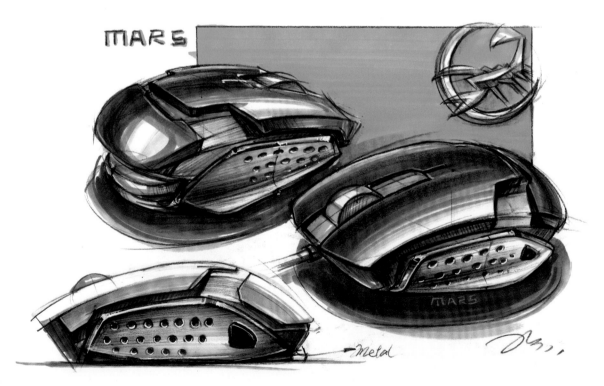

7.2.3 数码照相机设计

相机是大多数人记录生活的必备产品。随着科技的发展，数码照相机已成为市场消费的主流。数码相机外观造型较为复杂，那么怎样去分析和绘制这款产品呢？

1. 绘制分析

第1点：将复杂的形体理解为由简单的几何立方体拼接而成。

第2点：在已有的几何形体上运用"加减法"，区分各个部件形体。

第3点：添加小的形体功能部件，丰富画面。

第4点：用单色马克笔表达出产品的形体变化效果，使产品造型更立体化，为后面的绘制提供理解性的参考。

实物参考

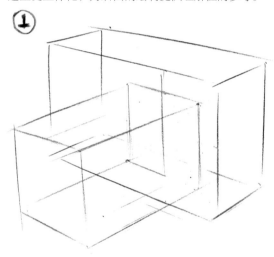

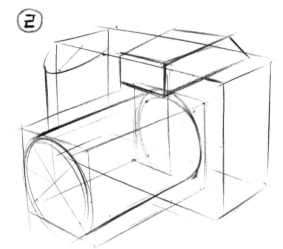

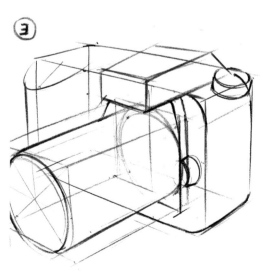

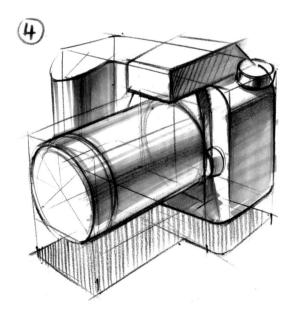

2. 步骤详解

01 通过前面的形体分析，更清楚地了解照相机的基本形体结构，接下来首先运用两点透视画出照相机的圆柱体镜头和机身轮廓。

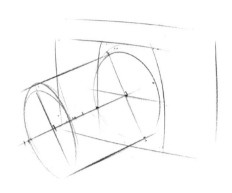

02 根据两点透视的规律将机身的基本长方体轮廓绘制出来。

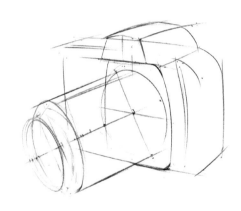

03 丰富细节，在大致形体上，将相机快门按键绘制出来，然后将相机的前视图轮廓勾勒出来。

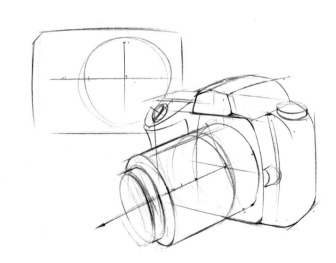

04 深入刻画透视图和前视
图细节。调整版面，画出细
节图，并用箭头指示出来。

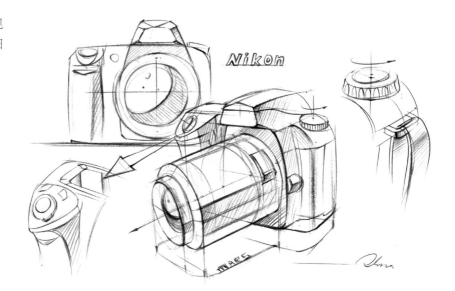

05 用CG6号灰色马克笔随
着形体走向，绘制出产品的
主体颜色。

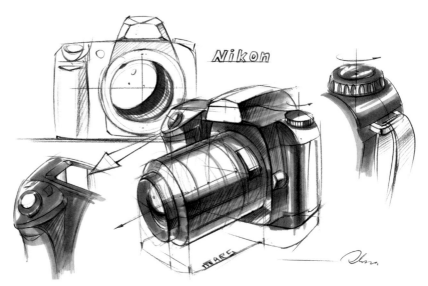

06 逐步丰富细节颜色，用
67号蓝色马克笔画出机顶显
示屏，并注意要有留白，以
表现高反光的视觉感。

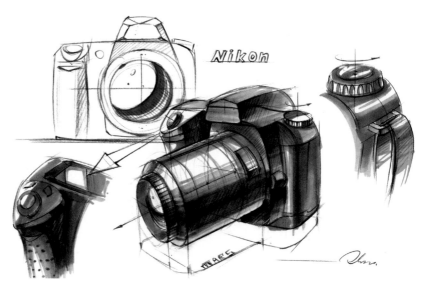

07 深入刻画细节，将镜头上的防滑纹用CG6号灰色马克笔快速表达出来。为了突出透视图，用CG4号浅灰色马克笔将前视图的形体变化和材质进行区分，切勿深入刻画细节。使用WG4号暖灰色马克笔绘制底部阴影，以衬托主体。

08 由于该照相机的固有颜色为黑色，所以用较为鲜艳的47号绿色马克笔画出背景以衬托主体。最后用高光笔画出形体转折面。

7.2.4 头戴式耳机设计

对于喜爱音乐数码产品的朋友们，"森海赛尔"这个耳机品牌，相信大家都不会陌生。其一流的音频技术及产品本身的品质感，被众多消费者追捧。对于手绘而言耳机是属于空间曲面较为复杂，比较难画的一类产品。接下来以下面这款产品为例，讲解绘制头戴式产品的方法。

1. 绘制分析

第1点： 绘制耳机类型的产品，首先需要了解其平面视图的形体关系。

第2点： 确定基本的线条走向后，确定基本形体的大小比例。

第3点： 根据透视关系，将平面线条向透视线条转换。

第4点： 将转换后的视图线条立体化，即可得出耳机的基本造型。

实物参考

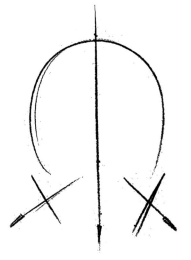

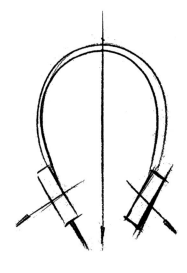

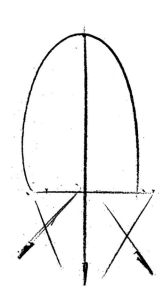

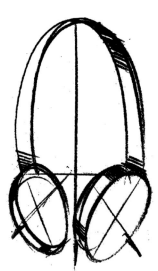

2. 步骤详解

01 根据透视原则，用曲线画出产品的大致轮廓。

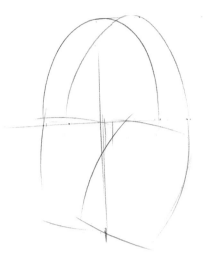

02 以曲线拼接的方式将产品的轮廓画出来。

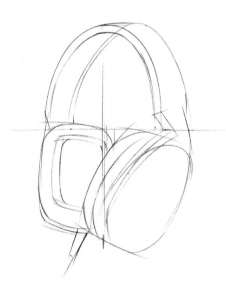

03 在已有的产品轮廓内，跟随形体透视绘制出细节。

04 再次深化细节，绘制侧
视图及耳机的细节图，丰富
整个画面。

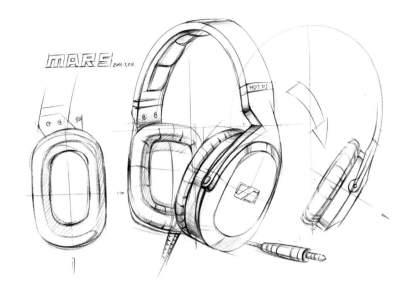

05 基本线稿绘制完后，开
始上色，用66号蓝色马克
笔随形体的走向对耳机的主
体部位进行润色，然后用
CG6号灰色马克笔绘制软胶
部件。

06 第1遍马克笔铺色后，
迅速用同一色系的马克笔上
色，以达到融合后均匀过渡
的效果，将其他部件用WG4
暖灰色马克笔随形体进行上
色，与主体物区分开。

07 逐步丰富画面颜色，用34号黄色、WG4号暖灰色马克笔绘制产品的背景色，衬托主体。

08 用白色彩铅将按键的转折线勾勒出来，以突出产品细微的形体变化，凸显产品的质感。

7.2.5 仿生音响设计

幻响（i-mu）的十二生肖系列音响，巧妙运用了仿生的设计手法，备受消费者喜爱。接下来通过其中一个造型讲解其复杂曲面的绘制方法。

1. 绘制分析

第1点： 首先通过侧视图了解形体的基本走向。

第2点： 通过关键的圆形比例穿插，来概括基本部位。

第3点： 用曲线连接，兼顾外轮廓与内部细节的比例关系。

实物参考

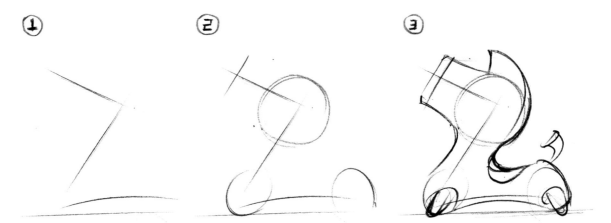

2. 步骤详解

01 在注意透视的前提下，用曲线画出产品的大致形体轮廓。

02 逐步刻画细节，随着形体走向绘制出产品的细节。

03 添加关键的截面线，同时加深结构线，增强产品形体的变化效果。

04 用CG4号灰色马克笔绘制出形体转折面。

05 用CG2号灰色马克笔随着产品形体走向逐步向亮部过渡，然后用WG4号暖灰色马克笔绘制出马腿的形体。

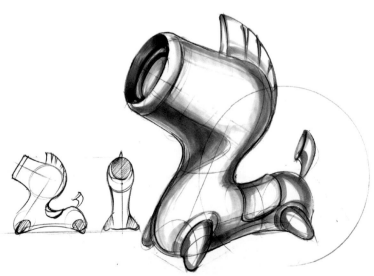

06 用47号绿色马克笔绘制出背景，来丰富画面。

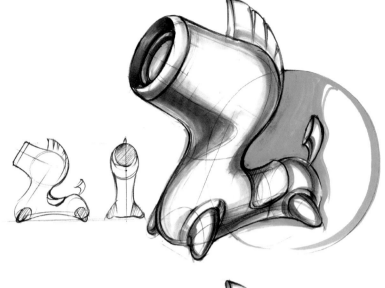

07 用铅笔加深形体变化效果，增强产品的立体感。

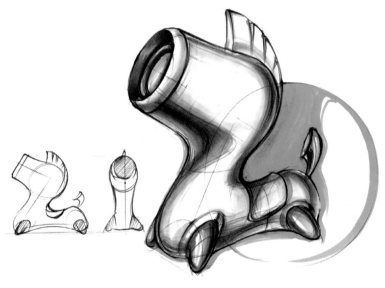

08 用高光笔在形体转折面点出形体高光，以凸显产品的质感。

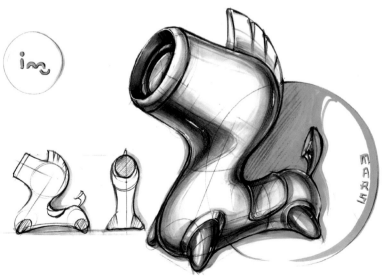

7.2.6 望远镜设计

望远镜是用于观察远处景物的产品，多用于军事与天文考察。望远镜分为单筒与双筒，这里我们所绘制的是双筒望远镜。

1. 绘制分析

第1点：将复杂的形体理解为由两个简单的圆柱体拼接而成。

第2点：用倒圆角的长方体将两个圆柱体关连起来。

第3点：用"加"的方法刻画细节部件。

第4点：用"减"的方法刻画出镜头，随形体走向着色，将基本形立体化。

实物参考

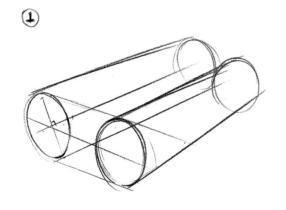

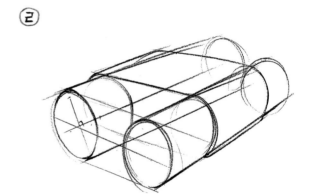

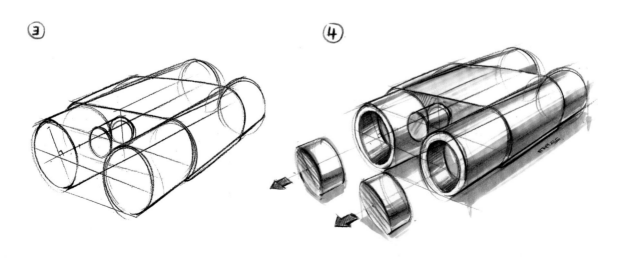

2.步骤详解

01 根据前面的结构分析，绘制出两个并排的圆柱体。

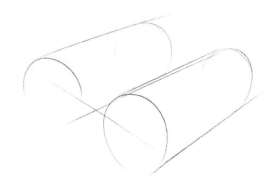

02 将产品望远镜的中间连接部分绘制出来，并绘制前视图作为辅助说明。

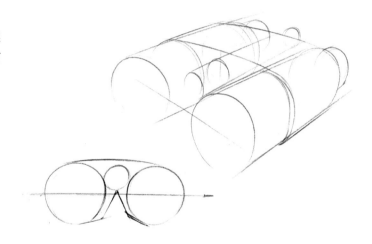

03 随形体走向，用铅笔绘制出光影的转折面及主要的细节。

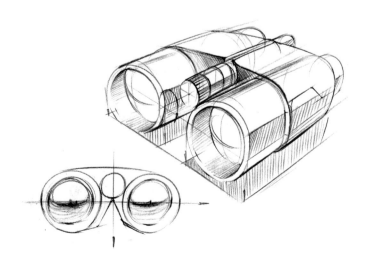

04 在主体周围刻画细节放大图，丰富整个画面。

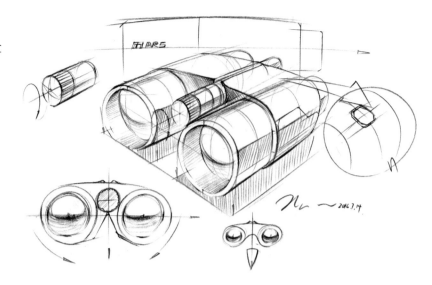

05 基本线稿绘制完后，开始上色。用CG4号灰色马克笔随形体的走向对望远镜的主体部位进行润色，然后用CG6号灰色马克笔加深转折面。

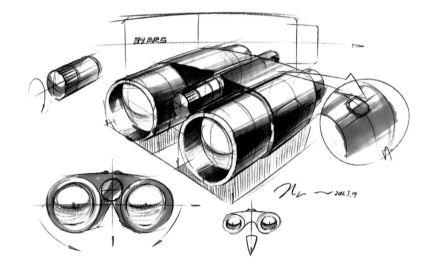

06 第1遍马克笔铺色完成后，用007号蓝色、006号黄色色粉，分别对镜头高光与暗部进行均匀涂抹，然后用012号黑色色粉对主体的亮部进行均匀涂抹，使整个产品的材质质感逐渐凸显出来。

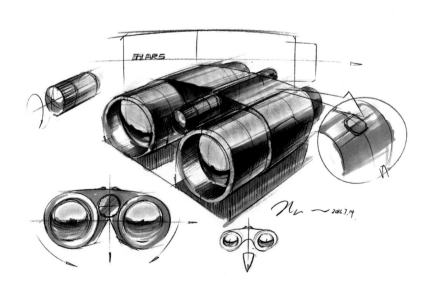

07 逐渐丰富画面颜色，用68号蓝色、WG4暖灰色马克笔绘制产品的背景色与投影，衬托主体的同时活跃整个画面的氛围。

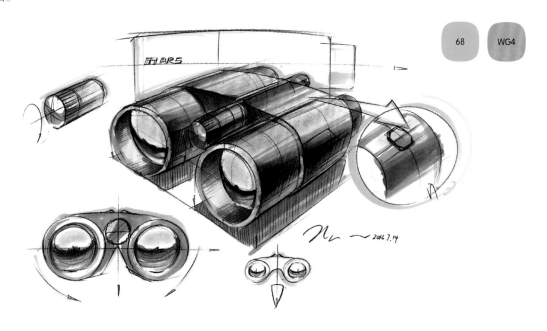

08 用白色彩铅将按键的转折线勾勒出来，以突出产品细微的形体变化，凸显产品的品质感。

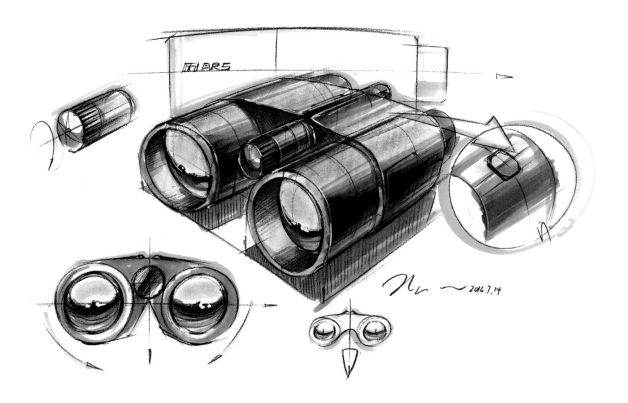

7.3.1 精密钻磨机设计

精密钻磨机，最为出名的是德国的PROXXON品牌，其精良的做工及可靠的品质，备受工匠者们青睐。其工作原理主要是通过内置电机带动砂轮，对石材、金属件等材料，进行铣、钻孔、研磨、抛光、清洗、雕刻等加工作业。

1. 绘制分析

第1点：先分析产品由几个部分组成，绘制出一个带有透视的圆柱体作为参考。

第2点：在圆柱体上用"加"的方法，将每个部件的基本形绘制出来。

第3点：添加阴影，增强形体的变化效果。

实物参考

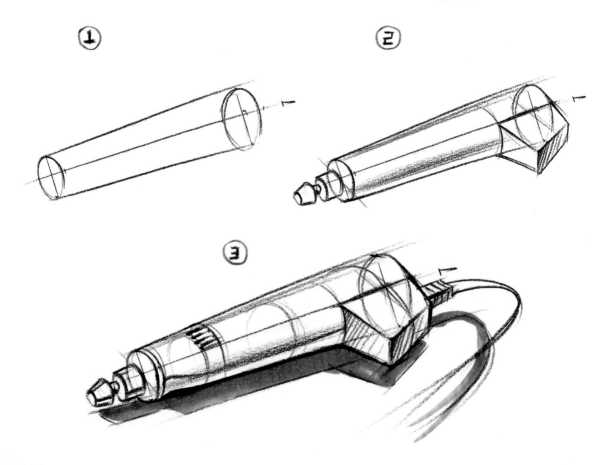

2. 步骤详解

01 以不同的视角，用线条画出两个产品的大致轮廓，确定大致的比例关系。

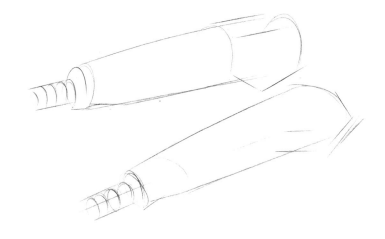

02 深化每个部件的细节，添加截面线，表达形体变化效果。

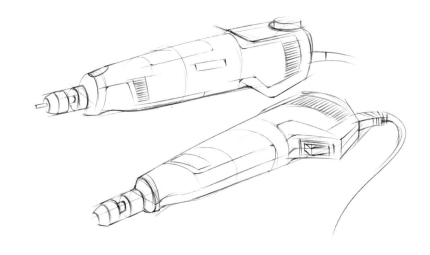

03 再次深化细节，添加阴影使产品更加立体化。

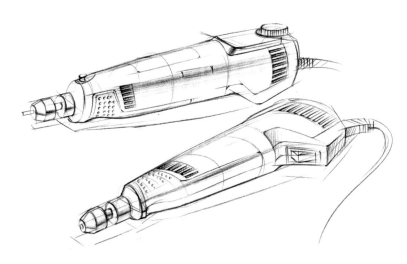

04 将产品的细节独立出来，
并加以刻画，丰富画面。

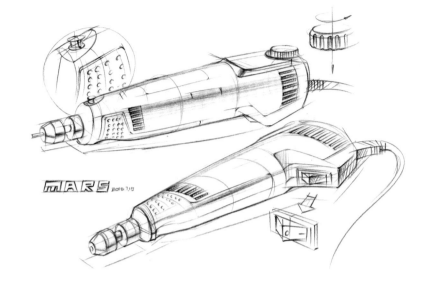

05 用43号绿色马克笔加深相
应部件的转折面，然后用CG6
号灰色马克笔刻画相对应的黑
色部件。

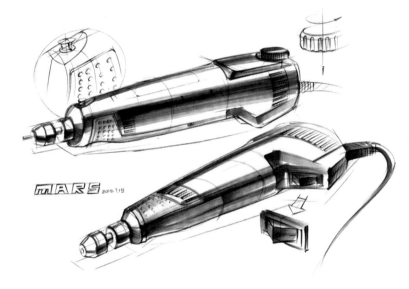

06 使用24号黄色马克笔随形
体走向刻画出黄色硅胶部件。

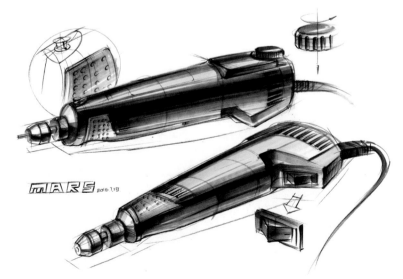

07 用63号蓝色、WG4号暖灰色马克笔随形体的外轮廓，绘制出背景及阴影以烘托产品，起到丰富画面的作用。

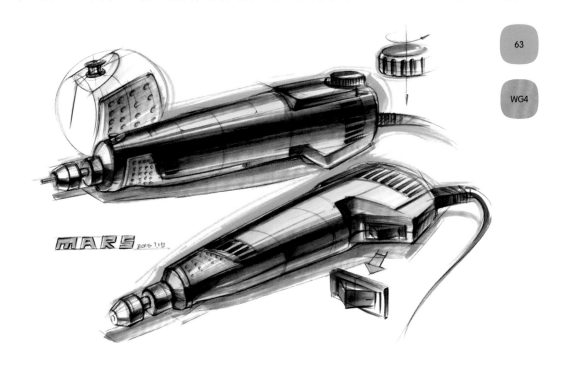

63

WG4

08 进一步丰富画面，用高光笔画出产品的形体转折面的高光，使整个产品更富有质感。

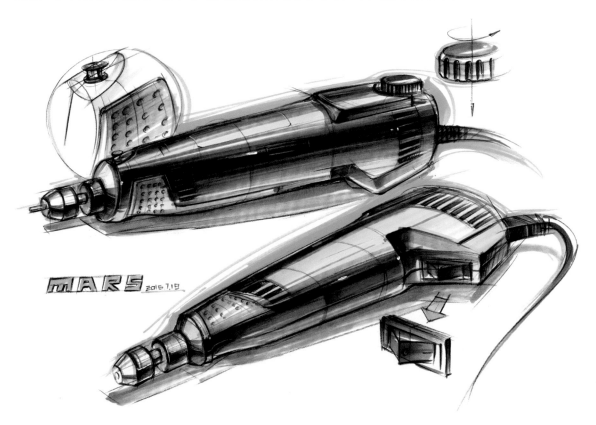

7.3.2 电钻设计

电工类品牌以德国的BOSCH（博士）和美国的BIACK&DECKER（百得）最为出名，都以追求精细的工艺技术与不断创新的精神而享誉世界。为此我挑选了几款产品进行讲解。

1. 绘制分析

以一款电钻产品为例，做详细的分析。

第1点：将产品简化，将电钻看作由两个简单的扁状圆柱体组合而成。

第2点：逐渐丰富每个部件的基本型。

第3点：通过"加减"的造型方法，逐渐刻画每个部件的细节。

第4点：用相应的马克笔颜色随形体的基本走向，绘制出颜色。

实物参考

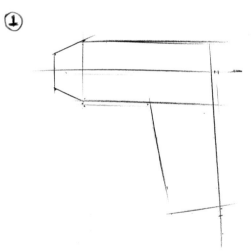

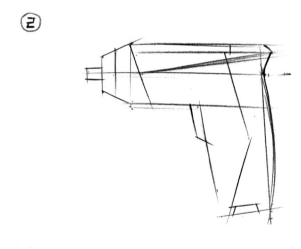

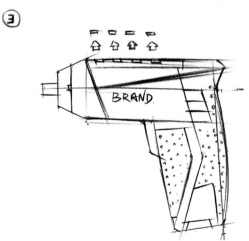

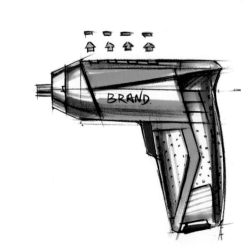

146

2. 步骤详解

01 4个产品均为侧视图展示，在排版上要注意疏密结合，采用前后叠加的方式将产品的大致轮廓绘制出来。

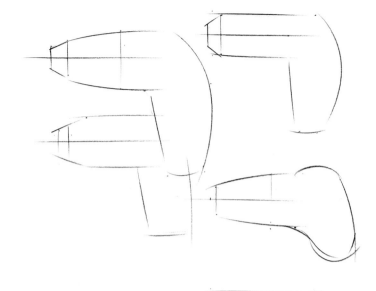

02 细化画面，在注意比例的同时，将各个产品的每个部件分别绘制出来。

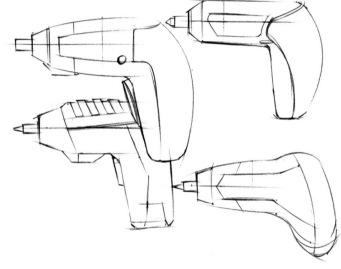

03 深化每个组件的转折线，添加LOGO（此处用"BRAND"代替商标名称），补充画面。

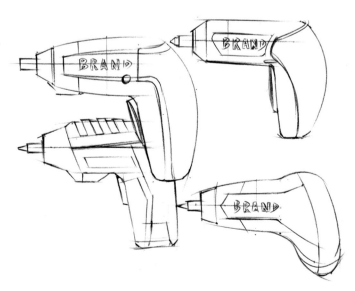

04 不断刻画细节，丰富画面，绘制细节透视图。

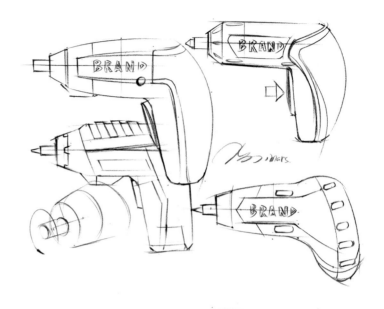

05 用61号绿色、67号蓝色、24号黄色、CG6号灰色马克笔，分别随着形体的走向变化绘制出产品的基本色，切勿涂满，注意要有留白。

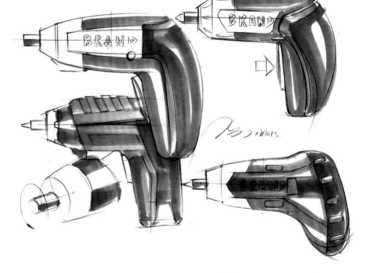

06 逐步刻画部件，用BG3号蓝灰色马克笔以快速拖笔的形式，将钻头银色金属件绘制出来。其他部件随形体逐渐上色。

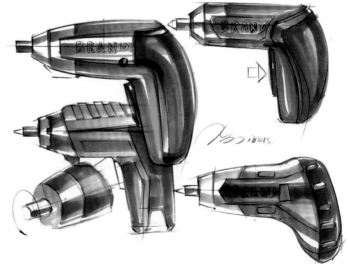

07 刻画细节，将黑色软胶的防滑纹路用CG6号灰色马克笔点缀出来。同时加深黑色软胶转折部分，加强形体变化效果。

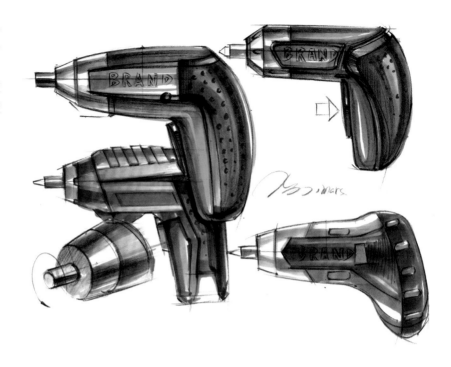

08 进一步丰富画面，将产品把手部位的软胶材质细致刻画出来，然后用高光笔画出产品的转折面的高光，使整个产品更富有质感，接着用WG4号暖灰色马克笔绘制背景以烘托产品。

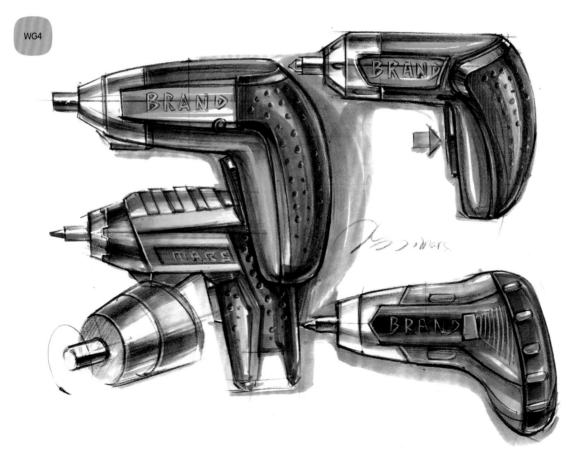

7.3.3 曲线锯设计

曲线锯也属于工程手持类工具，主要用于切割有色金属、木材及非金属材料。手持类产品的造型较为复杂，且给人硬朗、坚固的感受，所以在绘制时线条要干脆、利落。

1. 绘制分析

第1点：先将产品简化，将曲线锯看作由几个简单的扁状长方体组合而成。

第2点：通过前面所学的"加减"法绘制原理，对基本形体进行改造。

第3点：通过直线变曲线、直角变圆角等方式将产品圆润起来，绘制截面线突出形体变化效果。

第4点：在绘制的时候可以根据自己的理解，对产品进行配色、改良；在加强对产品本身理解的同时，进一步提升自己的创造力。

实物参考

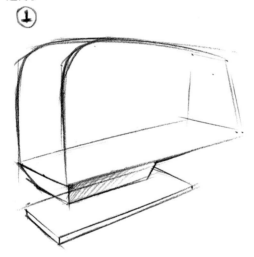

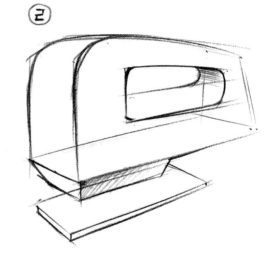

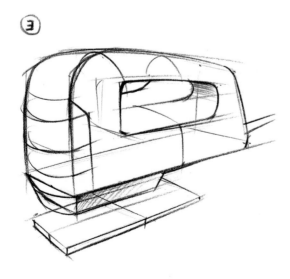

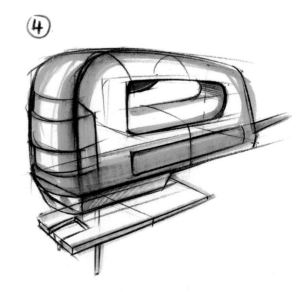

2. 步骤详解

01 绘制出产品的侧视图，以侧视图作为参考，绘制出曲线锯的大致透视轮廓。

02 画出主要的结构线，将产品逐渐立体化。

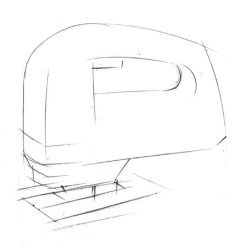

03 为立体化后的透视图添加细节的转折线，丰富产品。

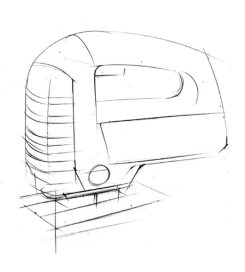

04 根据产品的侧视图，在注意透视的前提下，不断深入刻画细节。

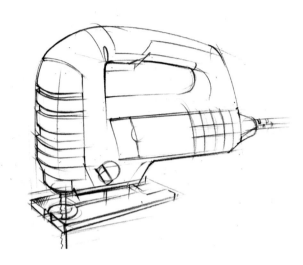

05 添加转折面的阴影，使产品更加饱满，凸显立体感。

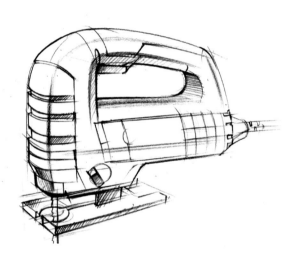

06 丰富画面，设计一个与产品有关联的背景，如木板；绘制产品使用场景图来表示产品的使用状态；将文字说明和细节放大图也绘制出来。

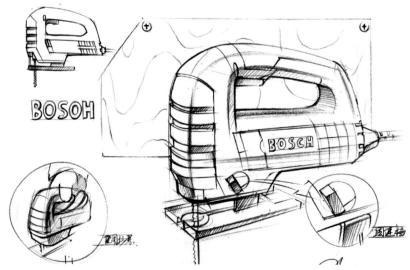

07 用61号绿色马克笔随着形体的走向变化绘制出产品的基本色，然后用CG4号灰色马克笔画出其他部件的颜色。

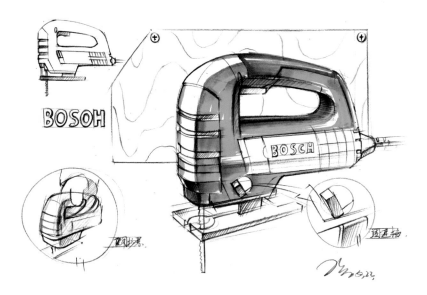

08 加深形体颜色，用61号绿色马克笔将大体的转折面过渡得柔和些，然后用24号黄色马克笔绘制出背景图，将金属件用BG3号冷灰色马克笔以快速拖笔的形式进行绘制，接着用CG6号灰色马克笔加深黑色软胶部分，加强形体表现。

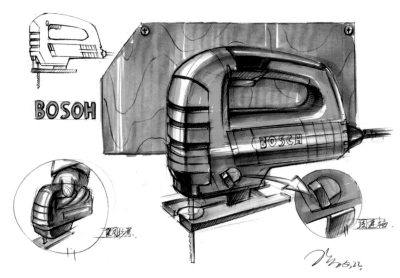

09 进一步丰富画面，将产品把手部位的软胶材质细致刻画出来，然后用高光笔画出产品的转折面的高光，使整个产品更富有质感。

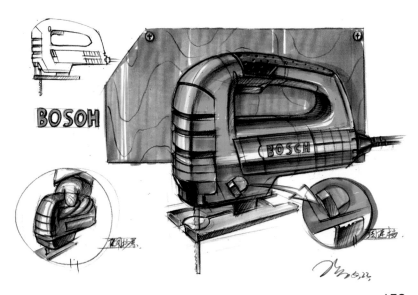

7.3.4 手电钻设计

手电钻，是手持式电动工具的一种。在前面的爆炸图内容对该工具内部结构进行过分析，那么如何绘制这个产品呢？

1. 绘制分析

第1点：先分析产品是由几部分组成，然后将每个部分简化成简单的基本形体。

第2点：运用位于视平线以下的两点透视绘制产品，更能表现出产品的大体形状和细节。

第3点：通过前面所学的"加减"法绘制原理，对基本形体进行改造。

第4点：用马克笔上色，需要注意产品是由塑料、金属、软胶等材质组成。

实物参考

 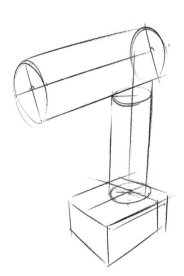

 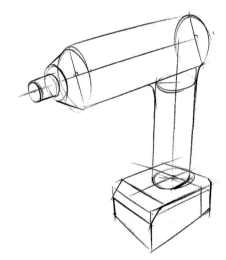

 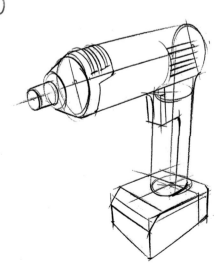

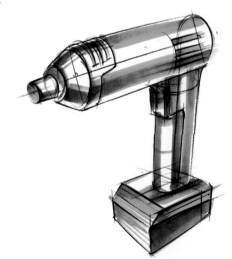

2. 步骤详解

01 根据两点透视的关系绘制出产品的3个主要组成部分的大体轮廓。

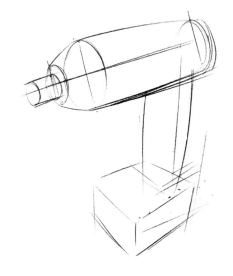

02 深化3个主要形体的细节，并用截面线表现出形体变化效果。

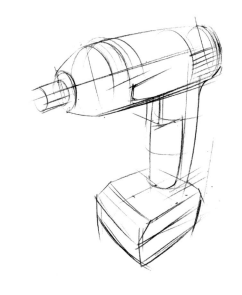

03 再次深化细节，添加阴影使产品更加立体化。

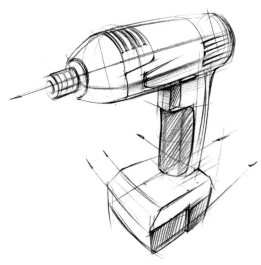

04 丰富画面，将产品的细节放大，并用箭头指示出来，然后画出简单的产品侧视图，进一步表达产品的形体，同时起到衬托透视图的作用。

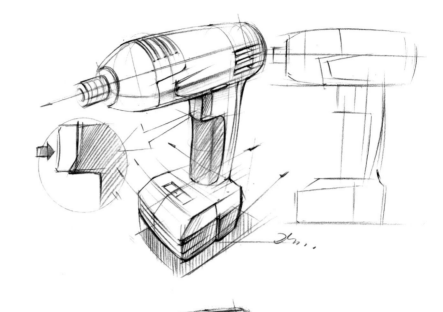

05 用11号红色、CG6号灰色、BG3号蓝灰色马克笔，随着形体走向分别画出产品相应部件的颜色。

06 用023号红色色粉均匀擦出红色部件的亮部转折面，然后用012号黑色色粉擦出黑色部件的亮部转折面，接着用WG4号暖灰色马克笔画出阴影部分的颜色。

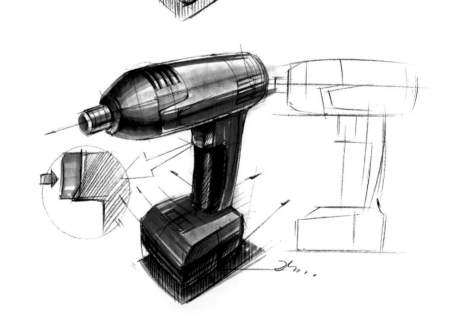

07 丰富画面，用鲜艳的47号绿色马克笔绘制背景，烘托以红色为主的产品，使整个画面色彩对比更加明显，然后用11号红色、CG4号灰色马克笔画出侧视图的轮廓。

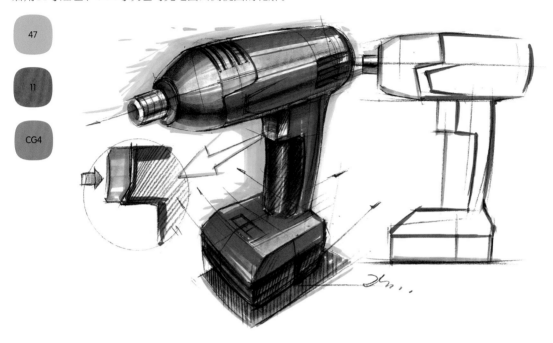

08 进一步丰富画面，将产品把手部位的软胶材质和细节刻画出来，然后添加文字说明，接着用高光笔画出产品转折面的高光，使整个产品更富有质感。

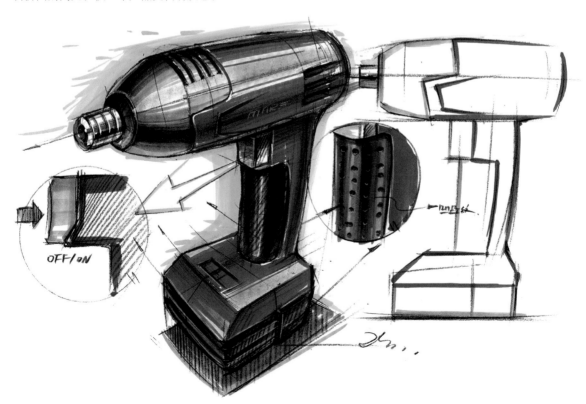

7.3.5 智能除草机设计

除草机根据不同的运作原理、动力来源而有多种类型，目前已经研发出智能除草机，不需要使用者直接操作，自动检测电量，自动充电，自动感应进行除草工作，有效减少了人力的投入。那么我们该如何绘制这类产品呢？

1. 绘制分析

第1点：观察实物图片，产品是以两点透视的角度呈现。经过分析后确定产品俯视图更能表现产品各个部件的比例和位置，所以先绘制俯视图的大致比例。

第2点：明确各个部件的比例位置。

第3点：深化细节，加强对产品的理解。

第4点：为俯视图上色，明确每个部件的色彩。

实物参考

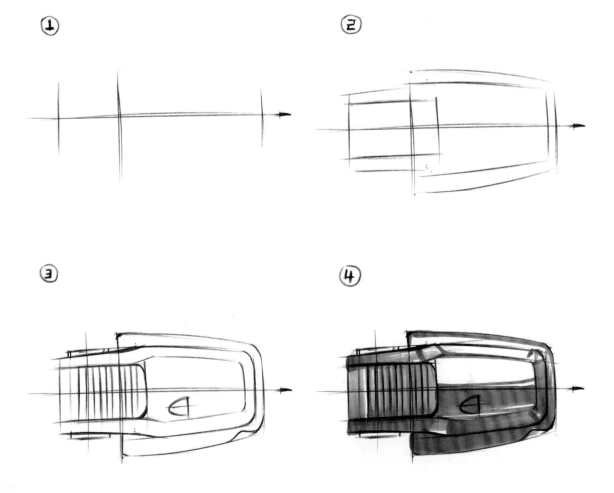

2. 步骤详解

01 先绘制出产品的侧视图，以侧视图作为参考，绘制出智能除草机的大致透视轮廓。

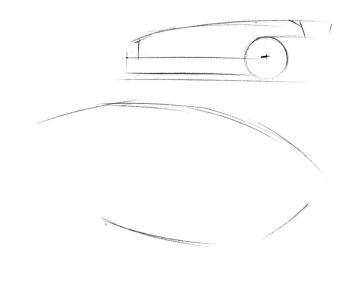

02 确定除草机的大体轮廓后，从上往下绘制出产品的分层结构。

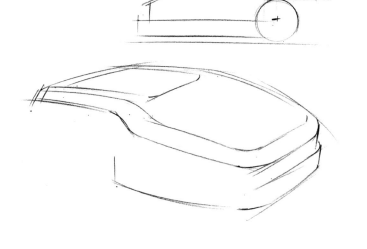

03 丰富细节，画出截面线，增加产品立体感。

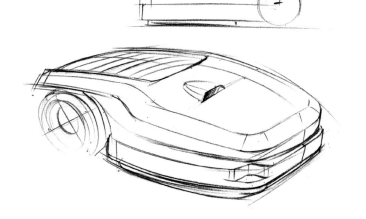

04 设定除草机顶盖为红色高光塑料材质，然后用11号红色马克笔随着形体走向，将顶盖的大致颜色绘制出来，绘制过程中注意在高光部分留白，接着用023号红色色粉进行均匀擦抹，最后根据画面整体需要，画出细节图。

05 用CG6号灰色马克笔画出产品的黑色底壳部分和轮胎，然后用24号黄色马克笔随着形体走向画出轮毂。

06 为了更加强调除草机顶盖的光泽度，用白色彩铅与高光笔画出红色顶盖的转折线，然后用WG4号暖灰色马克笔快速绘制出阴影。将细节图的颜色也绘制出来。

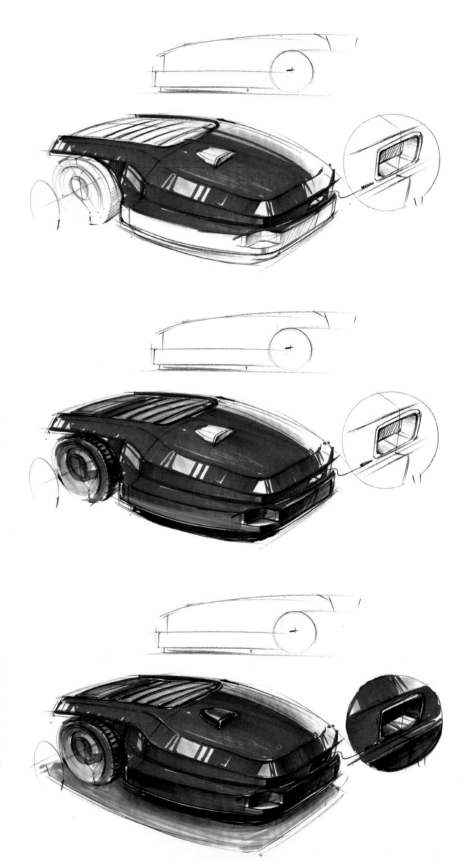

7.3.6 角磨机设计

角磨机，是一种利用玻璃钢切削和打磨的手提式电动工具，主要用于将金属等材料进行切割、研磨及刷磨。其工作原理主要是通过电机带动砂轮对材料进行打磨、抛光等加工。

1. 绘制分析

第1点： 绘制侧视图，注意产品各个部件的比例关系。

第2点： 注意线条的构建关系。

第3点： 绘制阴影，强化形体。

第4点： 注意色彩的对比关系，工程类产品多以黑色为主，红色、绿色、黄色作为搭配色。

实物参考

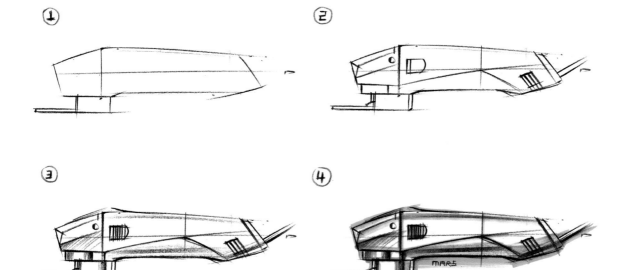

2. 步骤详解

01 用线条画出产品的大致轮廓与主要部件的比例关系。

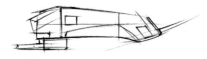

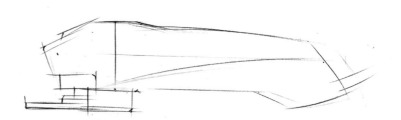

02 深化每个部件的细节，
添加阴影增强转折关系。

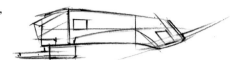

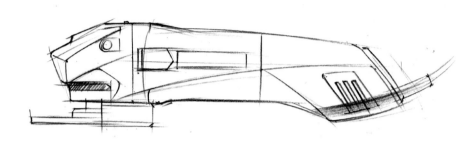

03 用23号红色色粉在高光
转折处均匀涂抹。

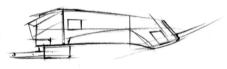

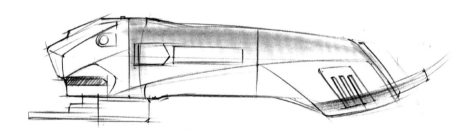

04 用11号红色、CG4号灰
色马克笔随形体走向进行
上色。

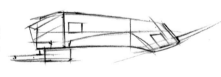

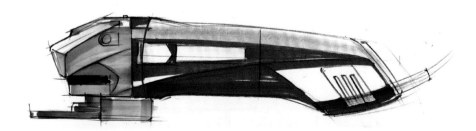

05 用CG6号灰色马克笔加深相应部件的转折面，然后用11号红色马克笔细化红色曲面。

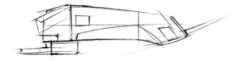

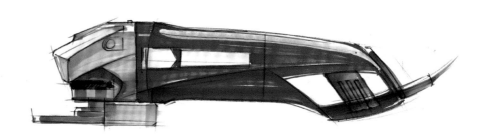

06 用23号红色色粉再次填补空白处，表达红色机身的高光转折面。

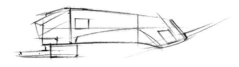

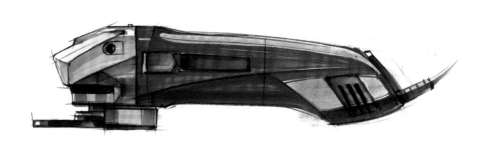

07 用白色彩铅将按键的转折线勾勒出来，以突出产品细微的形体变化。

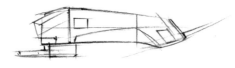

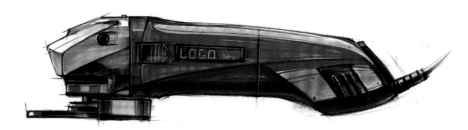

文体类产品手绘表达

7.4.1 休闲运动鞋设计

　　"鬼冢虎"作为日本最著名的运动休闲品牌，产品从款式、颜色、造型上都体现了追求舒适和细节的完美。下面来分析如何绘制运动鞋。

1. 绘制分析

　　第1点：虽然鞋子表面肌理复杂多样，但毕竟是随着人的脚形而设计的，因此在画这类产品的时候，要看透脚部结构。

　　第2点：概括脚跟与脚趾的比例关系。

　　第3点：概括脚型的骨骼细节。

　　第4点：以脚部形体为基础，绘制鞋的大概外形。

实物参考

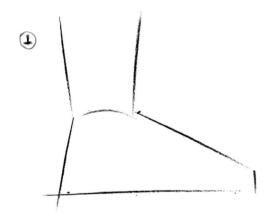

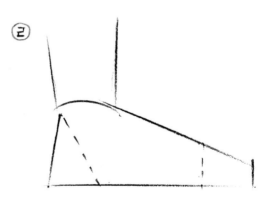

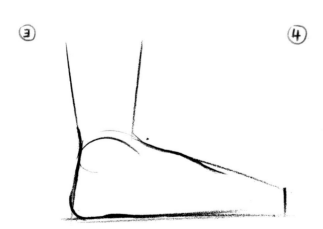

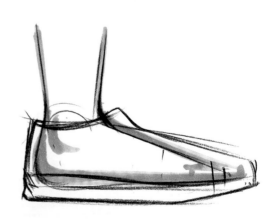

2. 步骤详解

01 根据前面的绘制分析，清楚了绘制鞋子必须要了脚的比例结构，才能将鞋画好。用自由的曲线，将鞋子的底视图与侧视图的大概轮廓勾勒出来。

02 开始深化细节，注意比例关系，将产品的细节部分大致绘制出来。

03 逐步刻画细节，加深各部件之间的分型线，将各个形体分开。

04 添加阴影，加强形体变化效果，然后用短线的形式画出球鞋的缝线，丰富鞋子细节纹理。

05 用46号绿色马克笔随着形体走向绘制出球鞋的基本色调。

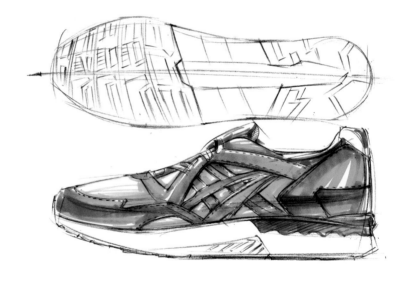

06 用66号蓝色马克笔随着形体走向变化，绘制出鞋面颜色，然后用33号黄色马克笔随着鞋底的纹理变化，快速概括出来。

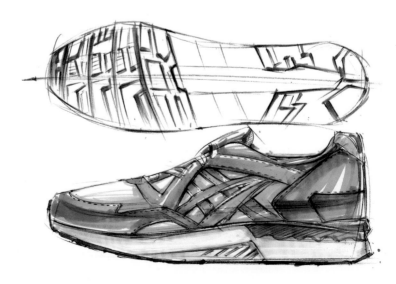

07 逐步丰富画面，用CG8号灰色马克笔加深球鞋的暗部，增强明暗对比。

CG8

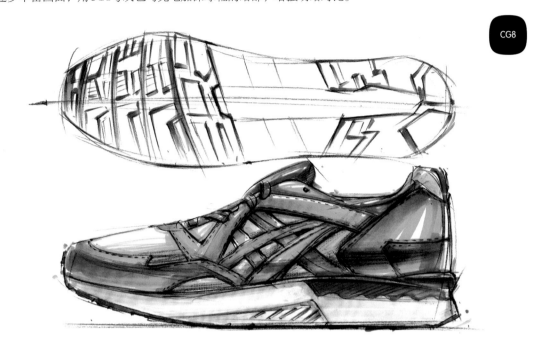

08 用68号蓝色马克笔画出背景。要灵活运用笔触，烘托出活泼的画面。

68

7.4.2 篮球鞋设计

为了能应付打篮球的激烈运动，对于一双篮球鞋来讲，需要有很好的耐久性、支撑性、稳定性、舒适性和良好的减震作用。另外每个人打球时的运动风格是不一样的，因此每双篮球鞋还必须符合人机工程学。下面我们来讲解如何绘制篮球鞋。

1. 绘制分析

第1点：虽然鞋子表面比较复杂，但可以从相对简单的鞋底开始，将其理解成一个翘起来的平面。

第2点：以鞋底平面作为参考，绘制出关键的产品截面线。

第3点：通过截面线来搭建鞋面的造型。

第4点：根据比例逐渐细化产品的细节部分。

实物参考

2. 步骤详解

01 根据前面对鞋子的具体分析，运用不规则曲线，将产品的俯视图与透视图的大概轮廓勾勒出来。

02 注意比例与透视关系，将产品的细节部分大致绘制出来。鞋带的穿插是比较难处理的，可以先以单线条穿插的形式绘制。

03 再次深化细节，以原先的单线条为参考，作平行线画出鞋带。加深分型线，将各个形体分开。

04 添加阴影，加强形体变化效果，然后用短线的形式随着形体走向画出球鞋的缝线，丰富鞋子细节纹理。

05 用CG6号灰色马克笔随着形体走向绘制出球鞋的基本色调。

06 用66号蓝色马克笔随着形体的走向变化，绘制出鞋面颜色。

07 逐步丰富画面，用CG8号灰色马克笔加深球鞋的暗部，增强明暗对比。

08 用33号黄色（与蓝色互补）马克笔画出背景。笔触一定要灵活，使球鞋给人以运动的奔放感。

09 绘制出篮球鞋的品牌与型号，用于说明产品。画出球鞋的正视图，切勿上色，使整个画面更有立体的纵深感。

Jordan Melo M10

7.4.3 渔线轮设计

渔线轮，也叫作放线器、卷线器，古时候称钓车，是抛（海）竿钓鱼必备钓具之一，它是固定在抛竿手柄前方的钓具，是构成抛竿钓组的主要钓具。整个机身多为金属制成，在绘制金属时需要运用前面所学的金属材质绘制方法。

1. 绘制分析

第1点：渔线轮多为由不同大小的圆柱体组合而成。

第2点：可以先绘制出产品的侧面，明确产品的大体形状。

第3点：添加转折面的阴影，突出形体。

第4点：用黑色彩铅绘制出金属与木质手柄的肌理。

实物参考

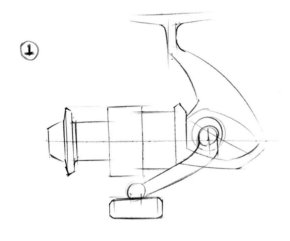

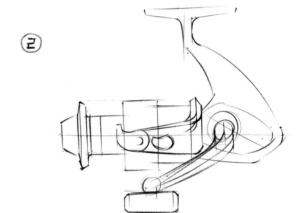

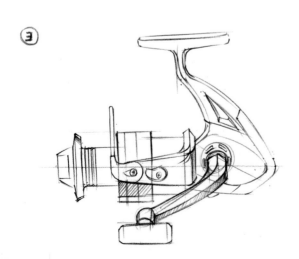

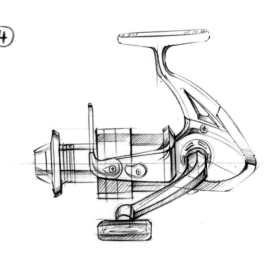

2. 步骤详解

01 用轻松的线条绘制出产品的侧视图，依据侧视图画出透视图的关键截面。

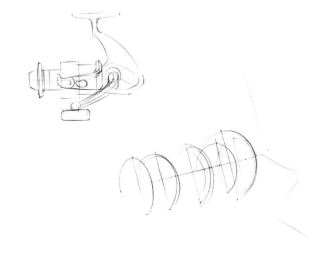

02 开始深化细节，根据侧视图每个部分的比例关系，依据透视绘制出产品的大概形体。

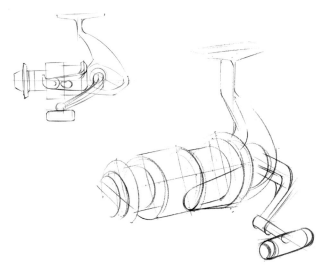

03 再次深化细节，将产品侧视图的细节绘制出来，根据侧视图细节的位置，依据透视对应到产品的透视图上，并添加阴影使产品更加立体化。

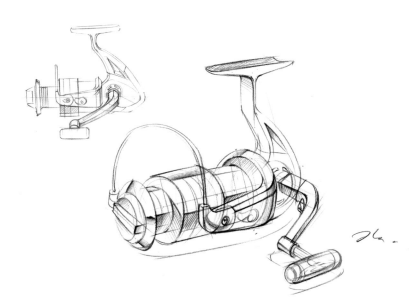

04 用CG4号灰色马克笔随形体变化绘制出产品的暗部，然后用CG6号灰色马克笔加深明暗转折面，接着用32号黄色马克笔画出金属镀件的基本色，最后用91号棕色马克笔画出木质手柄的基本色。

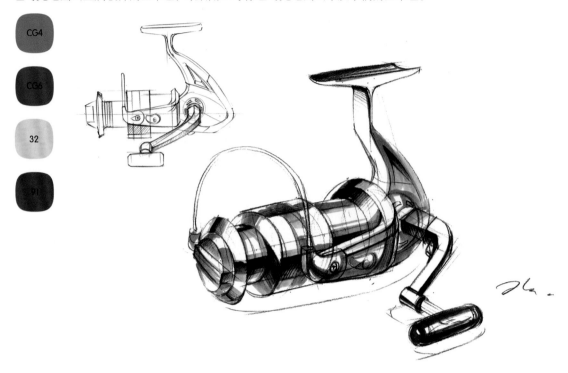

05 用007号蓝色色粉均匀擦出金属亮部的转折部分，然后用006号黄色色粉均匀擦出金属暗部，使金属质感更加真实。

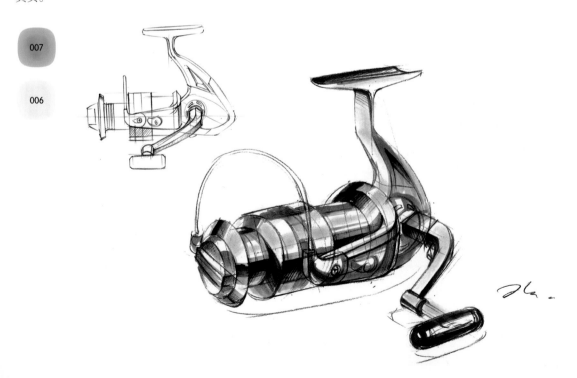

06 为产品的细节留白处添加相应的颜色，使产品的颜色不至于太过凌乱。

07 丰富画面，用鲜艳的紫色作为背景，然后用高光笔画出产品形体转折面的高光，使产品的金属质感更加突出。

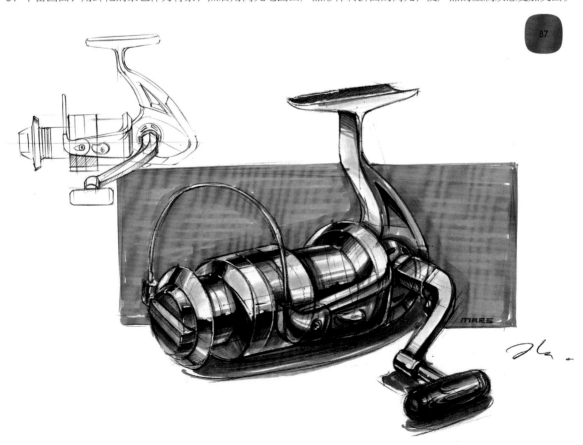

87

7.4.4 学生背包设计

学生背包多由皮质与布料材质缝制而成，其造型多以不规则的形态呈现。在绘制时，先将复杂的形体简单化。学生背包的色彩搭配多以彩色为主，上色时可以用颜色艳丽的马克笔绘制。

实物参考

1. 绘制分析

第1点：先将背包以立方体的形式绘制出来。

第2点：将规则立方体转化为不规则形体。

第3点：刻画每个功能部件，体现产品的特征。

第4点：通过细节的刻画，表现出背包的材质。

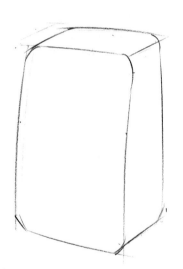

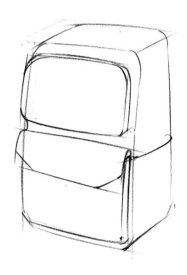

2. 步骤详解

01 运用不规则曲线，将产品的大体轮廓及各个部件的关系勾勒出来。

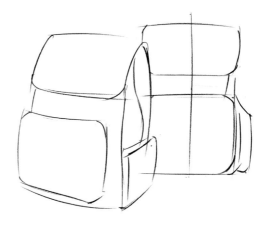

02 开始深化细节，注意比例与透视关系，将产品的细节部分大致绘制出来。

03 再次深化主体细节，添加阴影以丰富背包的转折面，然后将背包的另一视图绘制出来，进一步刻画产品的形态。

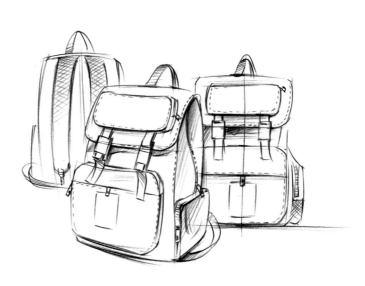

04 将拉链与卡扣单独放大绘制出来。

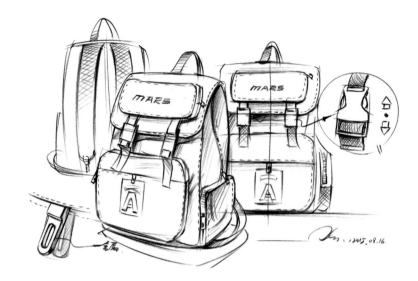

05 分别用WG4号暖灰色、11号红色、66号蓝色马克笔，根据形体的变化将3个视图的颜色区分出来。

06 因为是学生书包，所以用鲜艳的色彩画出产品的主体颜色，并逐渐丰富每个视图的颜色。

07 逐步丰富画面，将细节图细心刻画出口来，然后用33号黄色马克笔画出背景，使整个画面更加充满活力，接着用CG6号灰色马克笔刻画出塑胶卡扣部分。

08 为了增加产品与画面的立体感，用相对应的马克笔加深形体转折面与暗部，然后用白色彩铅与黑色彩铅分别进行提亮和加深画面的对比。

7.4.5 美工刀设计

美工刀是日常学习中经常用到的工具，其基本的部件多以金属刀片与塑料外壳组合而成。下面通过详细的分析与步骤为大家一一解析。

1. 绘制分析

第1点：可以将美工刀的基本型理解为由一个长方体与金属片组合而成。

第2点：运用"减"的方法，画出美工刀的整体部分。

第3点：运用"加"的方法，画出产品的每个部件。

第4点：用单色马克笔表达出产品的形体变化效果，使产品造型更立体化，为后面的绘制提供理解性的参考。

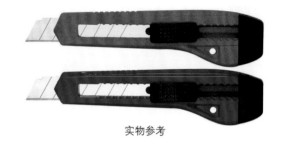

实物参考

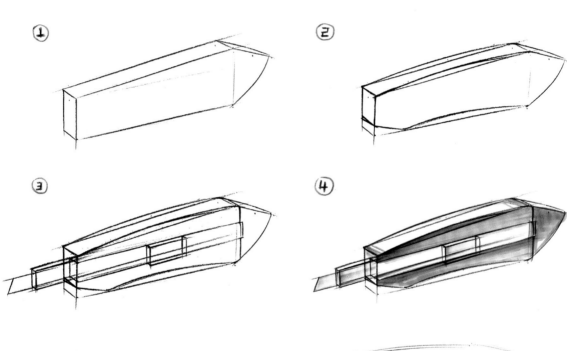

2. 步骤详解

01 在注意透视的前提下，分别绘制出3个不同角度的视图，并将产品的大体轮廓及各个部件的关系勾勒出来。

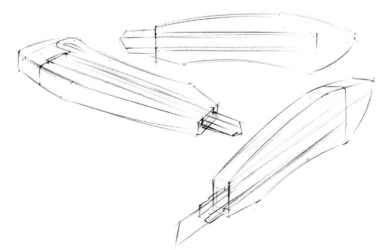

02 注意比例与透视关系，将产品的细节部分大致绘制出来。

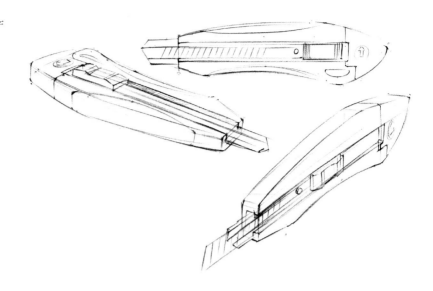

03 在对产品上色时，可以通过自己对产品的理解进行色彩搭配，这不但能逐步提高设计师的设计能力，也能巩固对绘制技法的运用。用63号蓝色、47号绿色、24号黄色马克笔，分别画出3个视图的基本颜色。

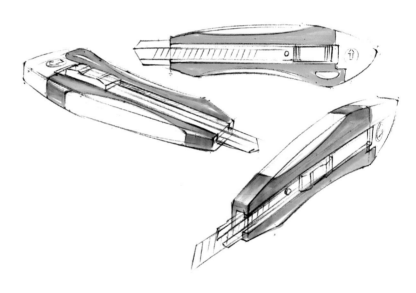

04 用CG6号灰色马克笔随着形体走向画出黑色部件的颜色，然后用BG3号蓝灰马克笔以快速拖笔的方式，随着形体走向绘制出金属刀片部件。

05 为了增加产品与画面的立体感，用WG4号暖灰马克笔快速绘制出背景，衬托主体。

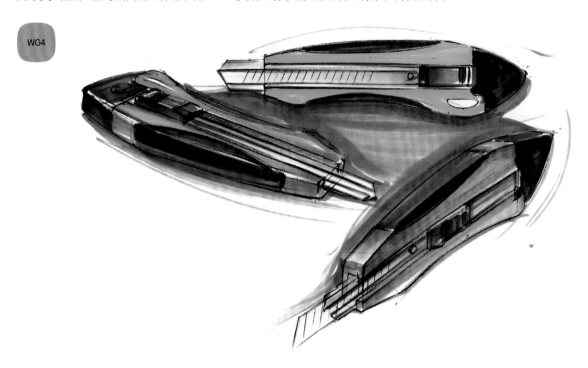

06 逐步丰富画面，为了增加产品质感，用高光笔绘制金属高光转折面，然后用深色马克笔加深黑色部件，以增强画面的对比度。

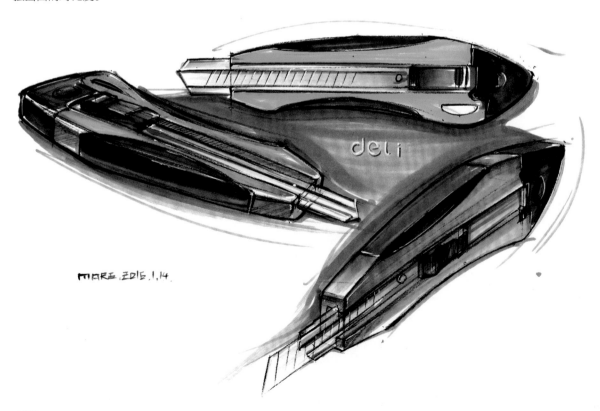

7.4.6 户外猎刀设计

户外猎刀，是野外生存必备的工具，特点是刀刃锋利、坚韧，主要用于切削树枝。下面通过详细的解析，为大家介绍如何绘制这把猎刀。

1. 绘制分析

第1点： 先从刀具的侧面进行分析，绘制侧面的大致轮廓。

第2点： 运用"减"的方法，画出猎刀的基本形。

第3点： 进一步刻画产品的每个部件细节。

第4点： 用对应的马克笔为猎刀进行上色，表现木质手柄的肌理与金属刀刃的质感。为后面的绘制提供理解性的参考。

实物参考

2. 步骤详解

01 通过前面对户外猎刀绘制思路的分析，下面运用基础的绘画技巧进一步解析，加以巩固。首先在注意透视的前提下，分别绘制出猎刀保护套、猎刀，以及刀柄的爆炸图。

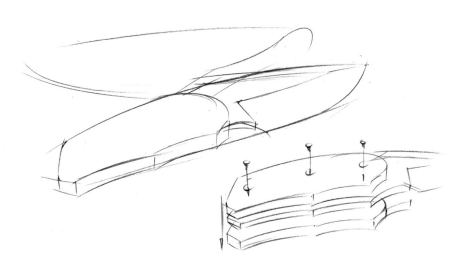

02 将产品的细节部分大致绘制出来，注意比例与透视关系。

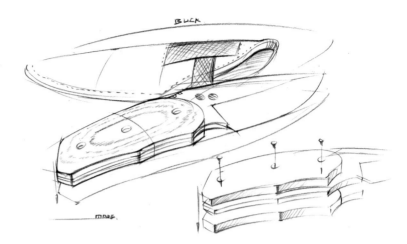

03 用CG4号灰色马克笔为猎刀保护套进行着色，然后用91号棕色马克笔随形体为刀柄进行润色，接着使用BG3号蓝灰色马克笔以拖笔的方式快速画出刀柄颜色，最后用WG4号暖灰色马克笔概括刀柄爆炸图的颜色。

| CG4 | 91 | BG3 | WG4 |

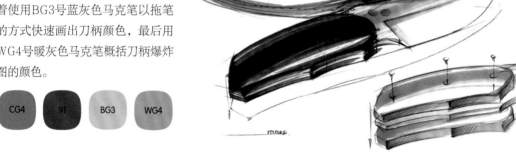

04 逐步丰富画面，为了增加产品质感，用高光笔绘制金属高光转折面，然后用深色马克笔加深黑色部件，以增强画面的对比度，接着用68号蓝色马克笔绘制背景色，衬托产品主体，并活跃画面氛围。

68

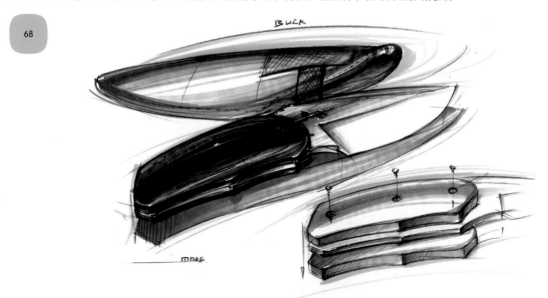

7.5 交通工具类产品手绘表达

7.5.1 轩尼诗F5超级跑车设计

轩尼诗F5超级跑车最高速度可达到466.71km/h，已经远远超过同级别跑车，其全新的造型设计更是使人眼前一亮。下面将从车型的透视图分析出基本外形，进而加深对该车造型的理解。

实物参考

1. 绘制分析

第1点：从参考图来看，轮子的中心点与人的视线平行，所以先绘制出较为简单的轮子基本外形。

第2点：以轮子的位置作为参考，用直线概括跑车的基本形体。

第3点：通过阴影逐步强化形体变化及穿插关系。

第4点：跟随形体结构进行润色，进一步加深对跑车造型的理解。

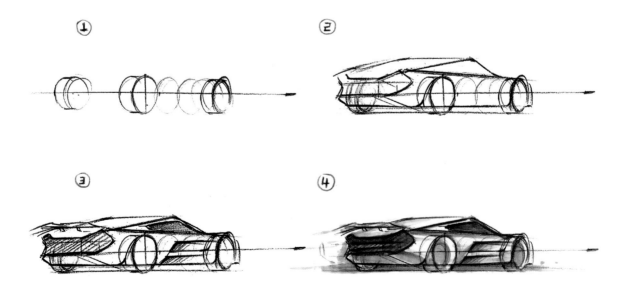

2. 步骤详解

01 根据透视绘制出车的大体轮廓线及整体的框架。

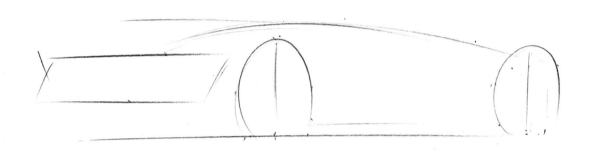

02 逐步深化每个部件的细节，并确定关键的腰线与轮胎的位置关系。

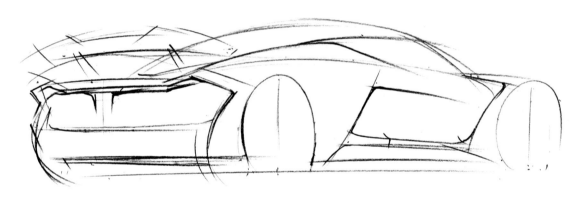

03 着重刻画离视线较近的尾部，增强空间对比，使画面更具层次感。

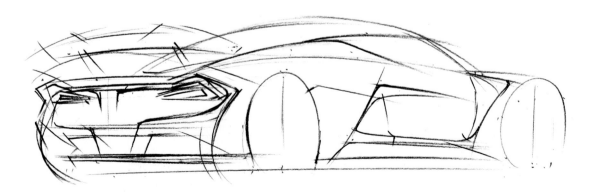

04 着重刻画尾灯与轮毂部件，并随着形体走向画出车门的分型线及车的截面线。

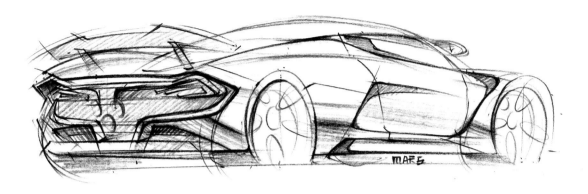

05 根据形体结构用BG3号蓝灰色马克笔画出车体的固有色。

06 用CG8号灰色马克笔加深车顶的颜色，用CG6号灰色马克笔对车尾部进行润色。

07 用WG4号暖灰色马克笔画出泥泞溅起来的效果，然后用11号红色马克笔将车灯细节绘制出来。

08 用WG4号暖灰色马克笔贴合车的轮廓绘制阴影，然后用高光在形体转折面添加颜色，进一步增强表面材质的光泽感。

7.5.2 布加迪 "威航" 超级跑车设计

喜爱跑车的人士对布加迪 "威航" 并不陌生，它是来自于意大利的品牌，隶属于德国大众。该车属于顶级豪华跑车，其最高速度可达到431km/h，在中国大多数车迷都将其称为 "布加迪 '威龙'"。其外观优雅，轮廓清新，线条流畅，使整个跑车极具速度感。

实物参考

1. 绘制分析

第1点： 首先从侧视图去理解超级跑车的比例关系，将轮子之间的距离位置绘制出来。

第2点： 勾画出大致的轮廓。

第3点： 通过阴影逐步强化形体变化效果及穿插关系。

第4点： 为基本形体润色。

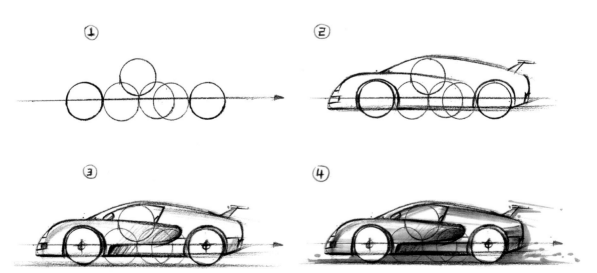

2. 步骤详解

01 根据前面所学的两点透视与曲线的知识，绘制出跑车的大体轮廓线，并确定关键的腰线，以及底盘线与轮子的位置关系。

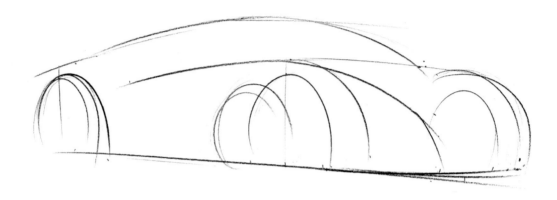

02 随着形体走向，逐步深化每个部件的细节，绘制出跑车的前脸部件与侧面的腹线。

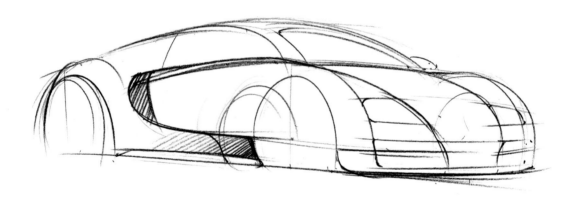

03 深化细节，用曲线画出进气口及轮毂的基本形态。

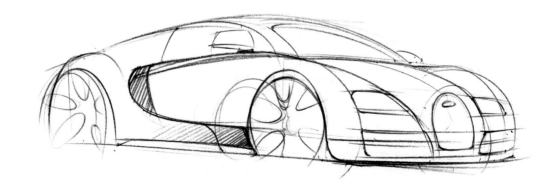

04 绘制的过程中把握前实后虚的关系，主要对跑车前端进行刻画，绘制头灯组与前进气口，并添加形体转折面的阴影。

05 用CG6号灰色马克笔随着跑车的形体加深汽车黑色部位，着重加深形体转折面。

06 用BG3号蓝灰色马克笔随着形体结构画出跑车抛光部位的颜色。

07 用WG4号暖灰色马克笔画出泥泞溅起来的效果。

08 最后收形，用高光在形体转折面添加颜色，进一步增强表面材质的光泽感。

7.5.3 Jeep "牧马人" 设计

Jeep "牧马人" 凭借其优越的野外脱困能力及可靠、安全的系统设计，再加上硬朗、阳刚的外形，无疑是越野爱好者们的终极向往。

实物参考

1. 绘制分析

第1点： 先将4个轮子的位置绘制出来。

第2点： 再将车体概括为几个大的形体。

第3点： 逐步强化形体变化效果。

第4点： 最后添加细节及大体的基本阴影。

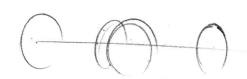

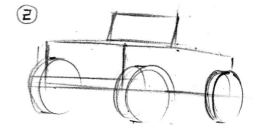

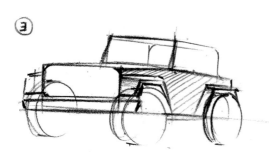

2.步骤详解

01 根据前面所学的两点透视知识，先将车辆的各个轮子按透视画出来，轮子是圆的，属于基本型，容易概括。然后画出关键的透视线，并确定关键的腰线，以及底盘线与轮子的位置关系。

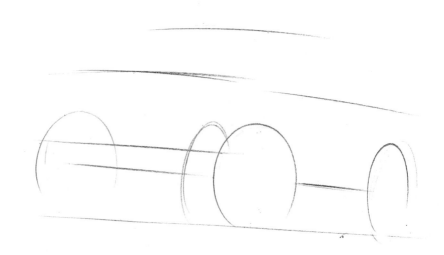

02 随着形体走向，逐步分化每个部件的大小比例关系。

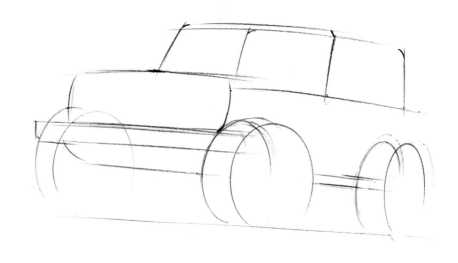

03 进一步刻画车辆的基本外形。

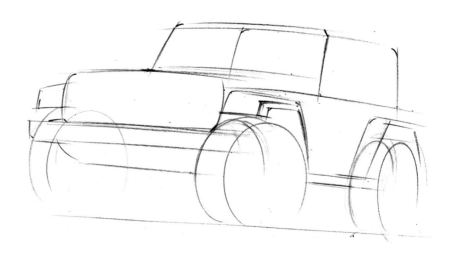

04 深化细节，注意前实后虚，主要对车辆的前端进行刻画，绘制头灯组与前进气口，并添加形体转折面的阴影。一开始都要注意用线稿的方式去区分材质，车身侧面的光滑面是高反光的，用线条的轻重拉开对比。

05 用007号蓝色色粉均匀涂抹车身的亮部。车轮下边用011号土黄色色粉涂抹，代表地面的环境光。

06 用66号蓝色马克笔绘制车身的基本颜色，用笔的时候需要按车身曲面走向来画，然后用CG4号灰色马克笔以同样方式对车身黑色部分进行上色，尤其注意暗部。虽然实物图看起来车身很暗，但是需要考虑反光。

07 前面的挡风玻璃用007号蓝色色粉涂抹，用便笺纸粘到上面挡住不需要涂抹的地方，这样更有玻璃质感。后面的座椅与石头用WG4号灰色马克笔概括一下即可，切勿喧宾夺主。

08 加深形体转折面，用铅笔收形，加深对比。然后用白色高光笔在转折面点出高光，进而增强对比。

7.5.4 英菲尼迪SUV概念车设计

　　2015年在瑞士日内瓦车展展出的英菲尼迪QX30概念车，为紧凑型城市SUV（Sport Utility Vehicle，运动型多用途汽车），其前脸不仅采用以往家族设计理念，更巧妙融合了轿跑车充满肌肉感的流畅线条与SUV坚毅的外表。在细节上，前卫的车灯设计更是与车侧的波浪线条完美衔接，使整款车型的设计夸张而不失整体感。接下来将从该车型的透视图分析出侧视图，进而加深对该车造型的理解。

实物参考

1. 绘制分析

第1点： 首先从侧视图去理解此款SUV的比例关系，将轮子之间的距离位置绘制出来。

第2点： 以绘制的轮子作为参考，将SUV的整体轮廓绘制出来。

第3点： 按比例关系细化结构，增强转折面的阴影面。

第4点： 通过简单的形体润色，进一步强化SUV的大体形态。

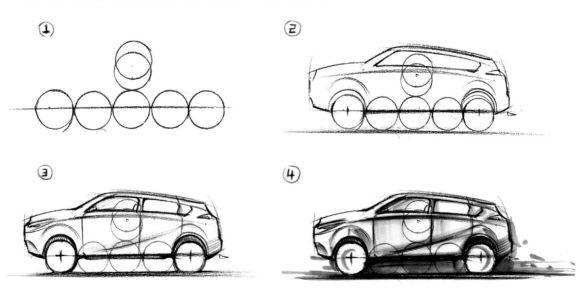

2. 步骤详解

01 根据透视绘制出车的大体轮廓线及整体框架。

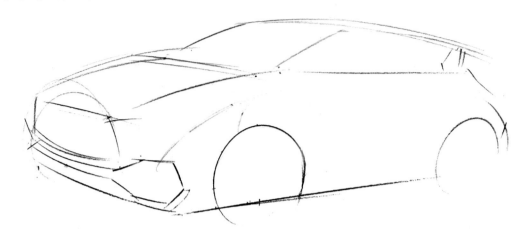

02 逐步深化每个部件的细节，并确定关键的腰线与轮胎的位置关系。

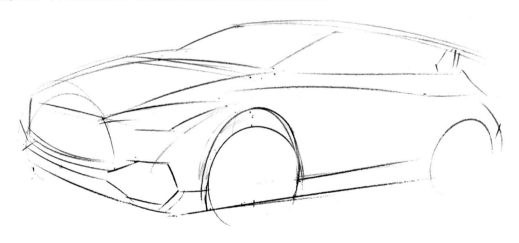

03 深化细节，添加主要的转折面的阴影，加强形体关系。

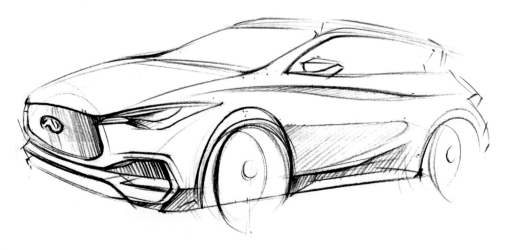

04 对SUV的前脸与轮毂进行刻画，然后随着形体走向画出车门的分型线及车的截面线。

05 开始用马克笔上色，随着形体结构先用WG4号暖灰色马克笔画出车体固有色，然后用67号蓝色马克笔对相应的部件润色。

06 继续深化，用WG6号马克笔加深汽车暗部，然后用BG3号马克笔刻画前轮毂，后轮毂可以虚化。

07 为了与车身颜色区分，用CG4号冷灰色马克笔画出底部阴影。

08 最后收形，用马克笔画出底部阴影，将车灯细节阴影也画出来，增强汽车的形体变化效果，然后用高光笔在形体转折处添加高光，进一步增强表面材质的光泽感。

7.5.5 儿童座椅设计

虽然车辆给人们提供了交通便捷性，但是儿童在乘车时却存在一定的安全隐患，儿童座椅的设计正是为解决这个问题应运而生，不仅考虑了舒适性，还考虑了安全性和可靠性。

1. 绘制分析

第1点：对有曲面造型的座椅来讲，首先要将复杂的曲面造型转化为形体结构。

第2点：用"减"的方法将概括出来的造型进行分割、细化。

第3点：分割出大体造型后，进行一次倒角。

第4点：进一步概括细节，并用马克笔上色以增强形体感。

实物参考

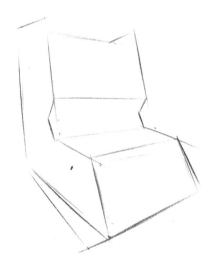

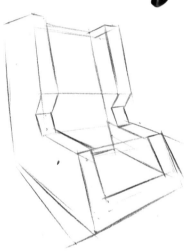

2. 步骤详解

01 运用两点透视的方法，将产品的大体轮廓及转折关系勾勒出来。

02 将产品的细节部分大致绘制出来，注意比例与透视关系。

03 再次深化主体细节，将儿童座椅的旋转底座绘制出来。

04 绘制出座椅的侧面，进一步表现儿童座椅的造型。

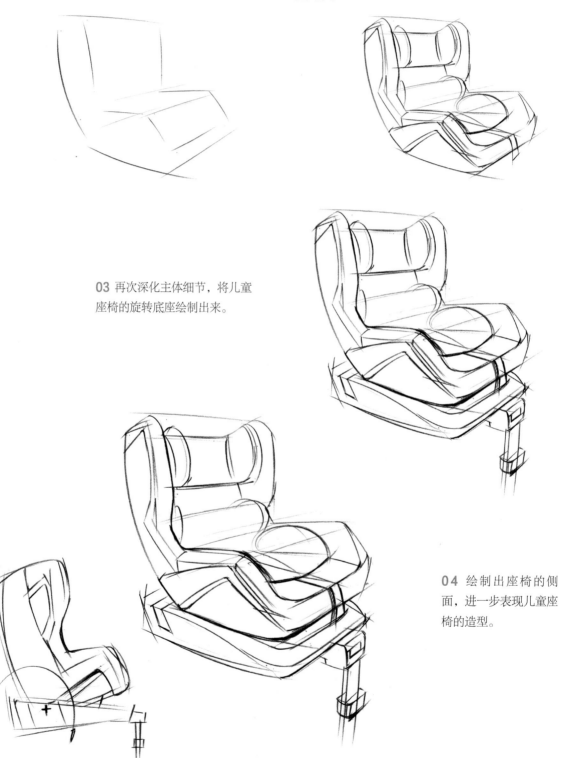

05 画出产品的截面线，表现产品的形体变化效果，然后用斜排线的方式，画出产品的暗面，以进一步增强体积感。

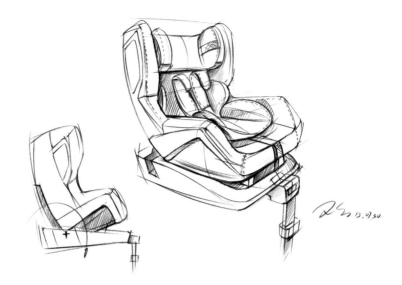

06 因为是儿童座椅，在配色上可以采用鲜艳的颜色。用87号紫色、96号棕色马克笔画出软质部分，然后用CG4号灰色马克笔画出塑胶包边和底座。

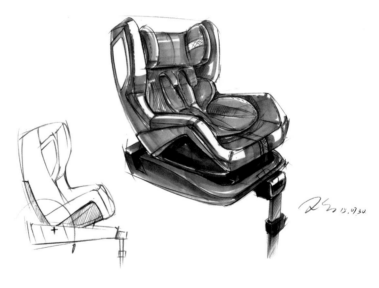

07 逐步深化形体，用CG6号灰色、91号棕色马克笔画出产品的暗部，加大产品的明暗对比，将侧视图也一同上色。

08 用47号绿色（红色的互补色）马克笔画出背景，以表现强烈对比的视觉感，使整个画面效果更加突出。

09 在高光材质转折面用高光笔表现高光，然后用WG4号暖灰色马克笔画出产品的阴影，衬托产品。

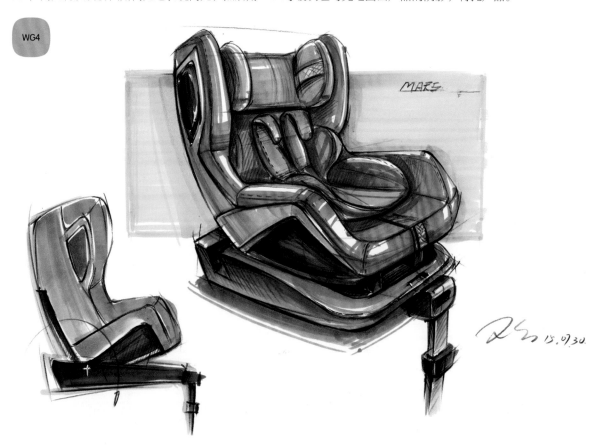

7.5.6 电动车后备箱设计

在生活中电动车后备箱比较常见，属于交通工具的配件，主要用于储放零碎物件。面对这类产品，需要学会分析，然后再进行绘制。

1. 绘制分析

第1点： 用拆解的方法进行分析，首先绘制出中间较为简单的圆角长方体。

第2点： 以长方体作为参考依据，向上、向下依次概括出其他部件。

第3点： 用截面线将以上形体的骨架搭建出来。

第4点： 添加阴影，进一步表现形体变化效果。

实物参考

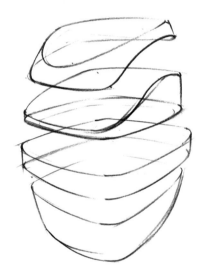

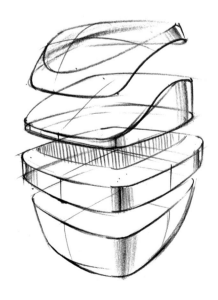

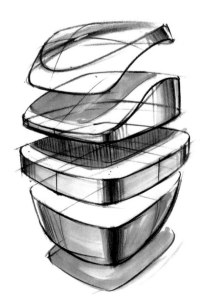

2. 步骤详解

01 根据前面的拆解分析，运用所学的两点透视原则，用曲线绘制出产品的透视立体图与侧视图。

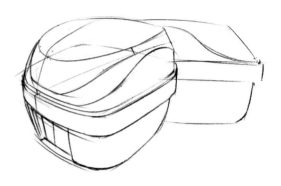

02 绘制产品爆炸分解图，自上而下一层层绘制出每个部件的基本形态。

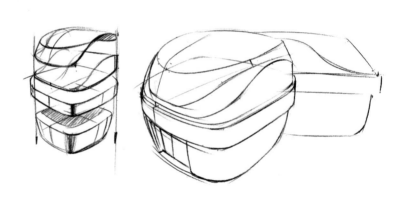

03 开始深化细节，画出产品转折面与阴影，并画出产品截面线，以增强产品体积感。然后在注意透视的前提下，随着大的形体走向，在相应的位置画出细节部件。

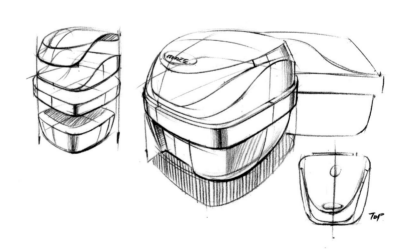

04 考虑布局，画出产品后视立体图，并用文字标明材质，丰富整个画面。

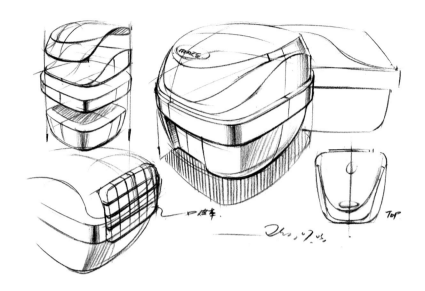

05 开始用马克笔上色，随着形体变化走向，分别用CG2号、CG6号灰色马克笔画出箱体的固有色，然后用63号蓝色马克笔对亚克力部件上色。

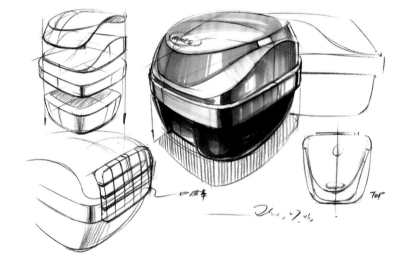

06 开始深化，用WG6号灰色马克笔画出侧视图的颜色，然后用47号绿色马克笔将侧视图中的亚克力部件区分出来。

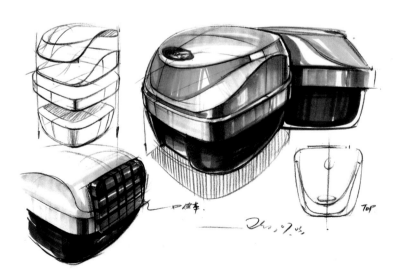

07 用鲜艳的黄色（33号马克笔）渲染背景，用灵活的笔触使整个画面更加活跃。同样使用黄色马克笔将顶视图的亚克力部件绘制出来。

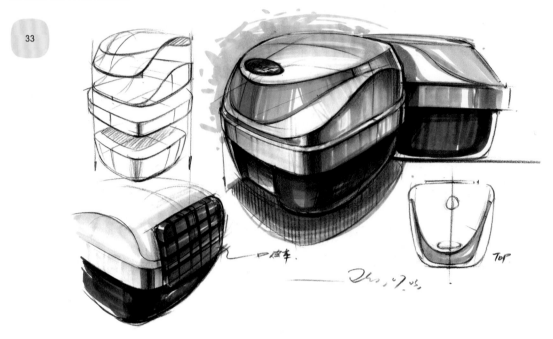

08 最后刻画细节，采用前面所学的凹凸材质绘制方法绘制亚克力扣件，然后用白色彩铅刻画形体变化效果。

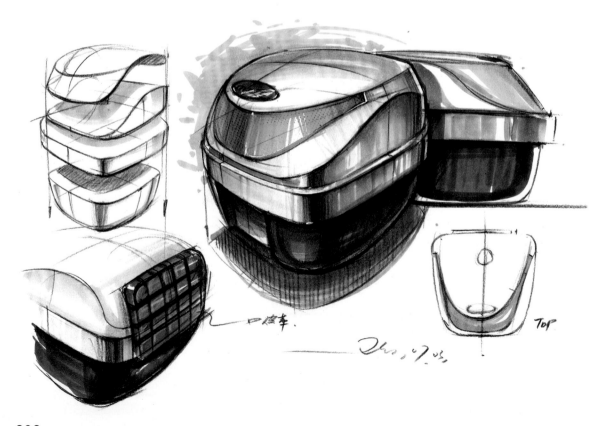

08 工业产品设计手绘实践运用

本章主要介绍由笔者设计的两个案例：丽彩云投S3微型投影仪与UMind意念机。通过这两个案例详细讲解手绘在产品设计整个流程中的重要性，以及手绘的作用。这两个案例均是笔者在我国深圳意臣Innozen工业设计公司工作时期所参与的项目，方案被客户选中后，跟踪对接，最终成功投产上市。希望通过本章的详细讲解，能使更多的工业设计爱好者了解产品是如何通过最初的概念草图一步步实现的。在此非常感谢深圳意臣Innozen工业设计公司给予帮助。

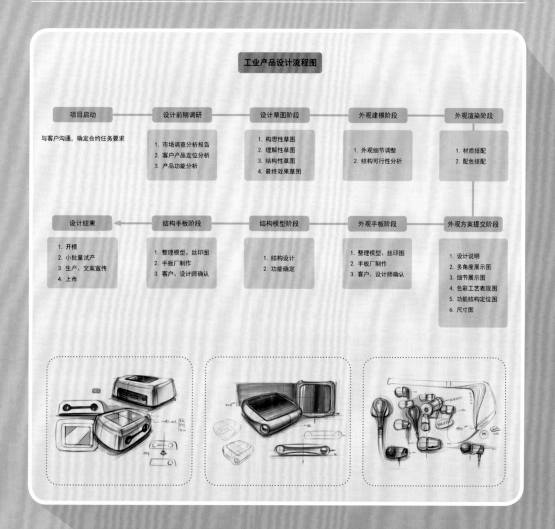

工业产品设计流程图

项目启动	设计前期调研	设计草图阶段	外观建模阶段	外观渲染阶段
与客户沟通，确定合约任务要求	1. 市场调查分析报告 2. 客户产品定位分析 3. 产品功能分析	1. 构思性草图 2. 理解性草图 3. 结构性草图 4. 最终效果草图	1. 外观细节调整 2. 结构可行性分析	1. 材质搭配 2. 配色搭配

设计结束	结构手板阶段	结构模型阶段	外观手板阶段	外观方案提交阶段
1. 开模 2. 小批量试产 3. 生产、文案宣传 4. 上市	1. 整理模型、丝印图 2. 手板厂制作 3. 客户、设计师确认	1. 结构设计 2. 功能确定	1. 整理模型、丝印图 2. 手板厂制作 3. 客户、设计师确认	1. 设计说明 2. 多角度展示图 3. 细节展示图 4. 色彩工艺表现图 5. 功能结构定位图 6. 尺寸图

8.1 微型投影仪设计项目

8.1.1 设计前期调研阶段

1. 客户信息

客户的基本要求是设计出一款外观新颖，具有良好便携性的产品。当然客户也提供了相应的内部堆叠设计要求，为了对客户信息保密，下面通过草图形式将该产品大概绘制出来，主要部件为散热风机、光机、PBC控制面板、12 000mAh电池、后置接口等，另外机体顶端还需要搭载一块5英寸液晶显示触摸屏。

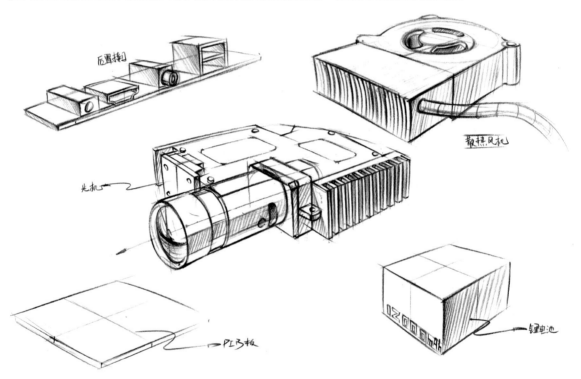

2. 调研分析与定义

产品调研

调研的方式有两种，分为线上和线下两种形式。线上是在互联网商城搜集大量相同类型产品的资料；线下是在各个大型电子产品商场，更直观地了解投影仪的材质工艺与功能，必要时拍下照片，作为调研记录。

产品分析

既然是设计一个全新的产品形态，就需要从整体着手，因此通过线框的形式，对市面上现有外观特征比较鲜明的同类产品分别进行简化，提炼出基本型，然后进行对比，找出产品之间的差异。

坚果、极米、明基这些品牌的产品的基本型采用圆形与方形倒圆角的形式，这样的设计使产品更简洁。酷迪斯两个系列的产品外观均采用半包裹的设计手法，其外观的延续性，更加提高该产品在同类产品中的辨识度。丽彩云投C1的外观则采用异形造型，可能是为了提高产品的辨识度，当然这也可能是为满足产品内部结构需求而做出的让步。通过对产品基本型的对比分析，我发现基本型越简洁的产品在视觉上越具有耐看性。

产品定义

产品定义也是确定产品方向，通过以上的调研分析进一步为下面的设计提供了指导性，避免与市面上的产品设计风格雷同。除了具备投影的基本功能外，更主要的是通过改变产品的基本型，来提高产品的辨识度及观赏性。

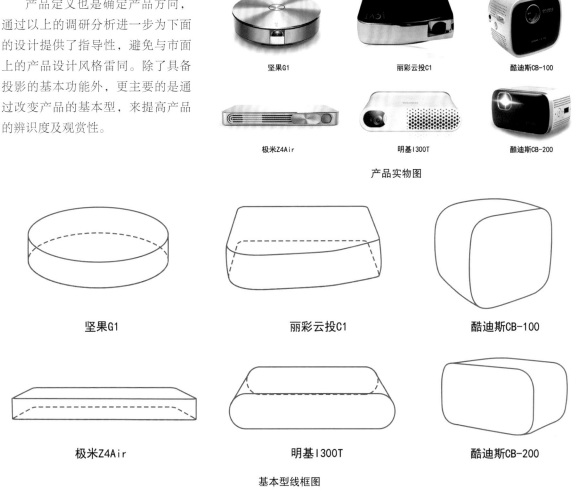

坚果G1　　丽彩云投C1　　酷迪斯CB-100

极米Z4Air　　明基I300T　　酷迪斯CB-200

产品实物图

坚果G1　　丽彩云投C1　　酷迪斯CB-100

极米Z4Air　　明基I300T　　酷迪斯CB-200

基本型线框图

8.1.2 设计草图阶段

1. 构思性草图

设计师通过前期的调研与分析应该对产品有了基本的认识，接下来在设计草图阶段，需要寻找大量的信息，作为创意的灵感来源，这些信息可以是名词，也可以是意向图。因为投影仪大部分时间是在晚上使用，由此联想到夜间的动物与词语，如猫头鹰、午夜精灵等。获取相关信息后需要通过仿生设计的手段，用铅笔将相关元素的特征绘制出来，这一阶段的线条可以随意一点，提炼出有用的设计点即可。在这个阶段最重要的是思考：投影仪应该是怎样的产品，置身于环境当中应该是怎样的"状态"等。

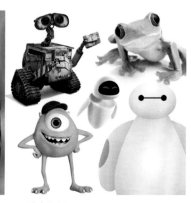

设计意向图

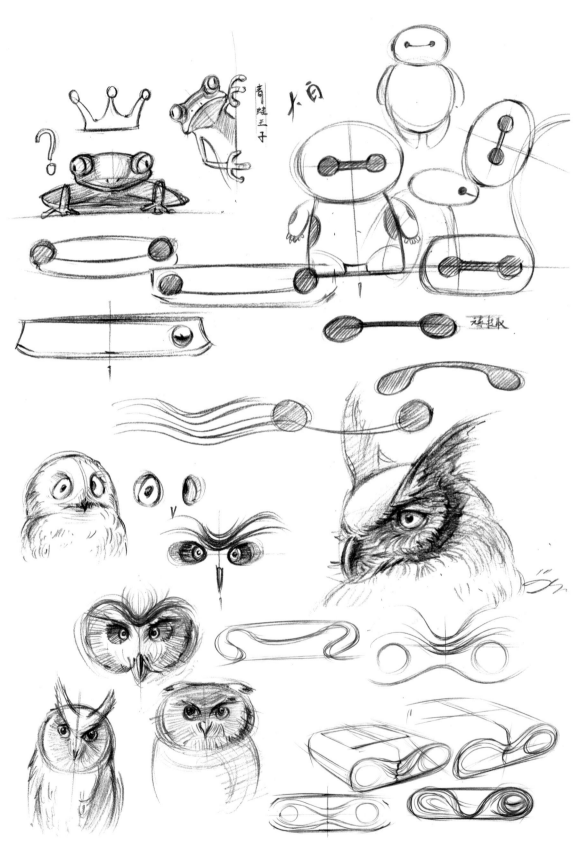

青蛙王子

大白

部分构思性草图

2. 理解性草图

将前面构思性草图转化为理解性草图的过程，正是将概念转化为可视化产品的过程。这一过程更需要考虑设计的切入点，微型投影仪除了基本型外，主要是通过二维视图来进行草图概念发散，通过对主要视图的绘制，来发散出不同的产品形态。造型上最吸引人的无疑是前视图，也就是带有光机的前脸，因为需要散热的缘故，前脸部分必须设有散热孔，那么如何设计散热孔与光机之间的位置关系是这个阶段的重点。

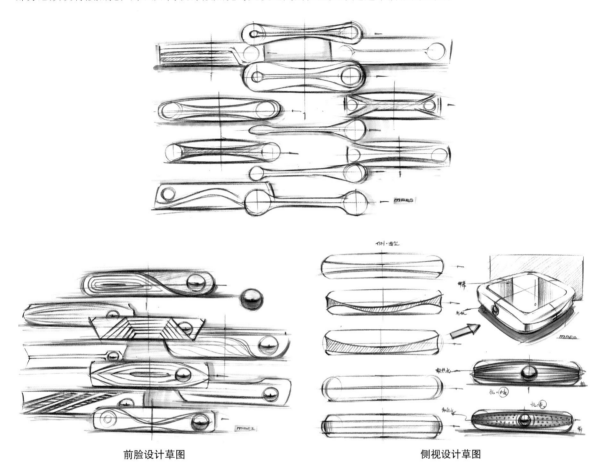

前脸设计草图　　　　　　　　　　　　　侧视设计草图

3. 结构性草图

该阶段需要将内部结构、尺寸比例、散热孔、显示屏等因素考虑到设计方案中去，是将二维草图转变为三维草图的阶段，使整个草图方案更接近实际的产品。

方案一：设计灵感来源于层叠的书页，上下盖包裹着一层层的散热孔，从远处看来，就像一本书置于桌面上。

方案二：设计灵感来源于机器人头部造型，全拉丝的金属外壳搭配黑色的塑料配件，烘托产品的视觉感。

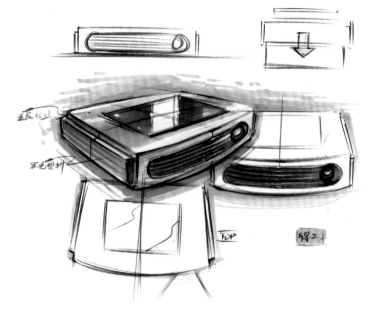

方案三：设计灵感来源于《超能陆战队》电影里面的角色元素，将其可爱的眼神融入设计中，无疑会使整个产品散发出趣味感。

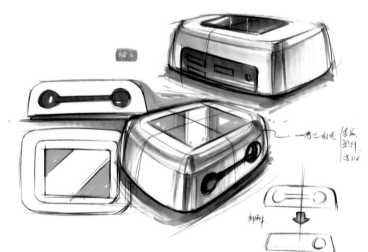

方案四：主要从工艺方面考虑，采用整体的全金属型材设计，功能接口隐藏在金属壳之内，使用时可打开，突出产品的整体感。

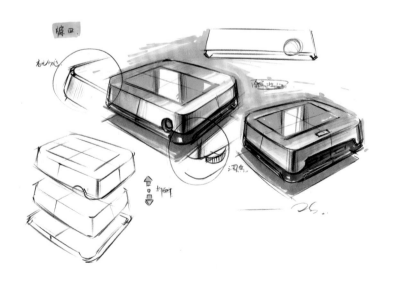

方案五：灵感来源于猫头鹰的眼神与汽车前脸的造型元素相结合，采用流线型的设计造型风格，流线感贯串于整个产品设计之中。

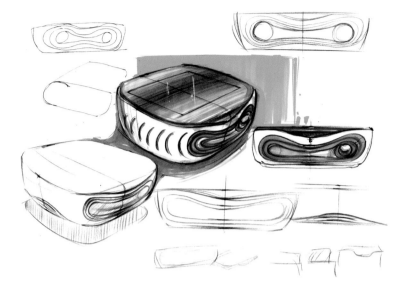

方案六：灵感来源于青蛙的造型元素，其微笑的前脸特征，给人以愉悦的视觉感受。

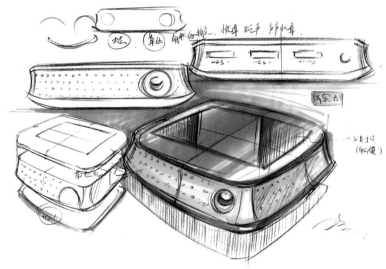

4.最终效果草图

最终选定的是方案五，其主要原因是基本型采用圆润、饱满、无棱角的弧形设计，在保证简洁的同时，更能区分于现有产品枯燥的设计感。

前脸设计：考虑了点与线的两种设计形式，由于产品本身体积较小，最主要的散热区域位于前脸，为了更好地散热，采用韵律感极强的线条贯穿于整个前脸，将散热孔与镜头整合于一体。

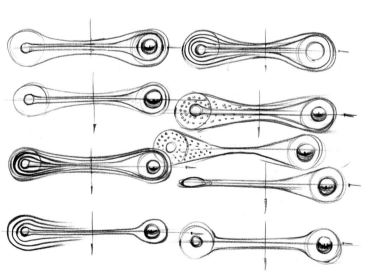

前脸草图推敲

侧散热孔：考虑到外观整体的简洁性与工艺的可行性，采用点的形式进行有规律的排列。

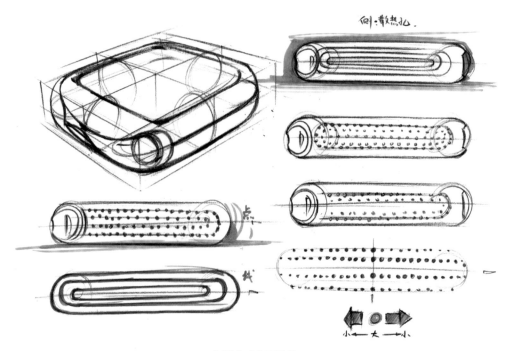

侧散热孔草图推敲

最终效果草图：通过前面对整体造型及细节的推敲，这个阶段需要设计师与结构工程师进行详细的沟通，将产品的尺寸比例、工艺要求、功能配置综合融入其中，最终深化出可靠的草图方案。

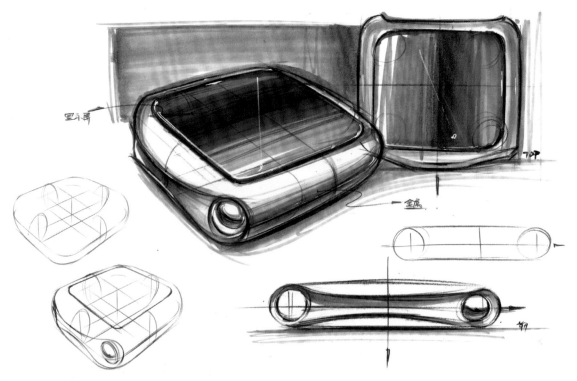

8.1.3 设计建模阶段

建模阶段，需要设计师运用三维软件，将草图方案转换为立体模型。这个阶段不只是考虑外观的好看与否，还需要将内部结构与外观设计之间产生的问题解决，并达成统一。设计师需要与结构工程师进行全面的交流，考虑外观结构出模、装配等问题，以减少设计误差。

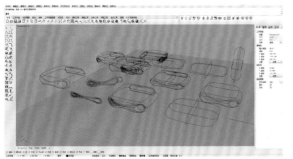
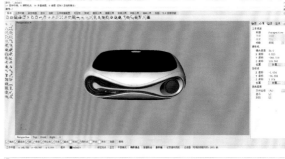
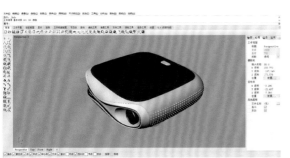
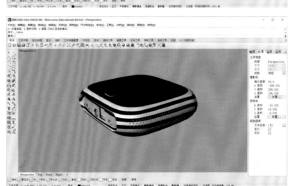

三维模型建模

8.1.4 设计效果图提案阶段

设计效果图提案阶段，需要考虑产品的材质、功能、配色及设计说明等，制成PPT的形式提交给客户。除了外观效果图能够展示设计以外，还需搭配恰当的文字，阐述设计灵感。

设计说明：整体外观设计内敛而不失张扬，诠释了线、面、体3个设计要素在产品中的完美呈现。细节上更是恰到好处，如同水滴一般纯净、优雅，呈现柔与美的结合，灵与动的一体。前脸造型有如细胞生态的延展，形成类似"∞"符号的形态，寓意产品功能如同一个魔幻的新世界，星罗万象且乐趣无穷。内敛和克制的设计手法更是在本产品中展现得淋漓尽致。

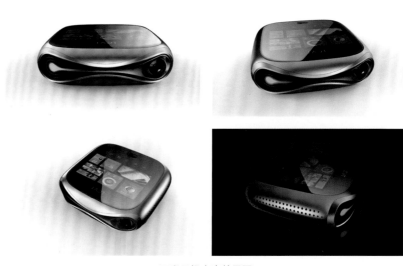

丽彩云投方案效果图

217

8.1.5 外观手板验证阶段

外观手板的作用是初步验证外观造型、尺寸、工艺装配的合理性。因为它是可视的，并且可以触摸，可以更直观地以实物的形式将设计师的创意展示出来，因此在产品外观设计阶段是必不可少的重要环节。

外观手板模型

8.1.6 设计结构阶段

在外观确认后，结构工程师运用加工工艺、塑料注塑成型等知识，对内部结构进行合理的设计。在这个阶段，结构工程师需要花费较多的时间与设计师、客户进行详细沟通，需要考虑工艺成本、外观结构取舍、功能实现、模具制作等因素，并将这几个要素达到最优化处理，最终制作成结构手板，组装成样机进行验证，使其达到量产的可行性。

结构效果图

结构手板

8.1.7 产品成功上市

丽彩云投S3于2016年4月在北京正式发布上市！作为便携式的私人智能影院，丽彩云投S3产品采用正方形圆角设计，采用一体成型不锈钢的外壳，防止磕碰。整个机身则采用了磨砂塑料材质，金属质感非常强，给人一种高品质的感觉。同时也摒弃了金属外壳笨重的缺点，更便于携带。具有轻巧、高质、耐腐蚀等特点，再辅以高光保护层，色泽非常艳丽，并且在使用时不会在产品表面留下大量指纹，使丽彩云投S3在美观的同时更易保养。

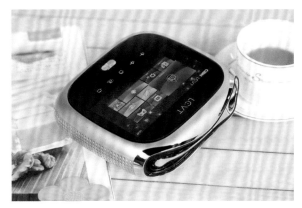

产品实物图

8.2 意念耳机设计项目

8.2.1 设计调研阶段

1. 客户信息

首先了解一下什么是脑电波：人身上都有磁场，人在思考的时候，磁场会发生改变，形成一种生物电流通过磁场，这种生物电流称为"脑电波"。意念耳机的功能就是将大脑产生的这些频率、强度各不相同的脑电波，通过电极的分析、解读，用软件转变为口令的方式进行切换歌曲。目前脑电波技术主要用于医学研究、测谎侦测等领域。

为了对客户技术信息保密，下面通过草图形式将该产品大概绘制出来，主要部件为：FPC特殊材料（需要与佩戴者前额头皮肤接触，以采集脑电波）、锂电池、PBC控制面板、USB接口等。客户的设计需求是佩戴方便、外观精巧、便于携带、有科技感。

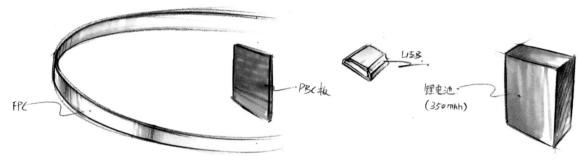

内部堆叠图

2. 调研分析与定义

先对意念耳机行业内的产品进行调研，目前在全球范围内市面上此类产品较少，大多属于非上市的工程机。那么如何去设计一款消费级的意念耳机？首先我在设计的时候，将此产品定义为头戴式耳机产品，既然是头戴式耳机产品就需要考虑人机交互、佩戴方式、材料运用、色彩搭配、舒适程度等因素。这为此后设计草图阶段提供了思维发散的方向。

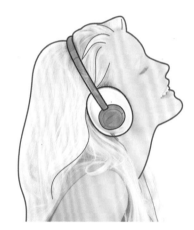

耳机佩戴方式

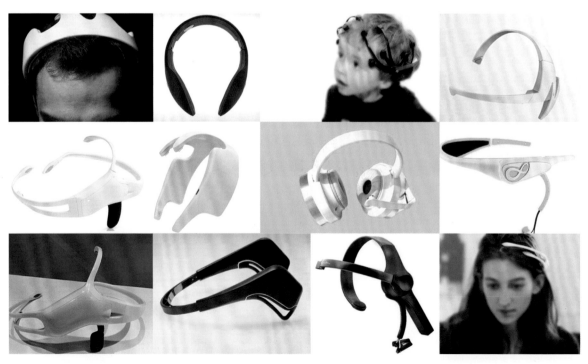

市场调研

8.2.2 设计草图阶段

1. 构思性草图

首先头戴式耳机产品需要与头部和耳朵之间有着密切联系，对此我提出了4个概念字。

概念一：折。如果产品是以折纸的形式出现，并且挂在耳朵上，想想应该是一个非常轻巧并且极简的产品。

概念二：柔。代表一种柔和、舒适的感受，一款与皮肤接触的耳机，在材质与形式上一定要符合这一点。

概念三：仿。作为一个设计手段，将动物造型元素融入产品外形之中。

概念四：枝。橄榄枝佩戴在奥运会运动员头上，显得无比神圣、高贵，试想一下：如果一个橄榄枝卡在耳朵上是怎样的情景？

通过以上4个概念，对草图概念进行发散。

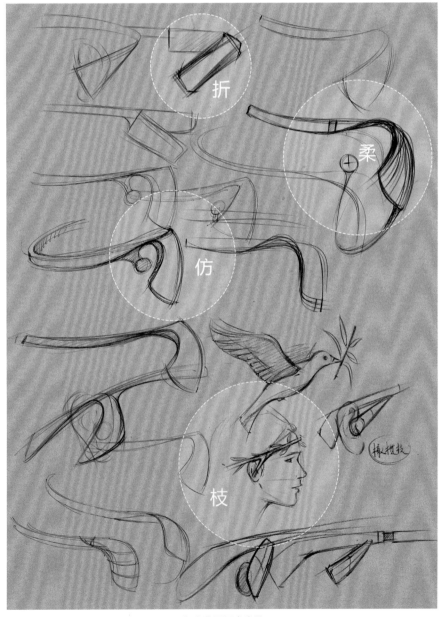

部分草图概念发散

2. 理解性草图

　　理解性草图，是将草图概念与产品的具体形式相结合，是将设计概念转向设计方案的过程。在此阶段，主要考虑佩戴方式、主要功能部件的摆放形式，以及产品色彩搭配、材质搭配的适合程度。佩戴方式需要考虑不同人的头部尺寸的大小；部件主要考虑产品的易用性，如开关按键的位置会影响使用者在操作时是否方便；色彩与材质的搭配，我是将亚光黑色软胶与色彩亮丽的硬塑料相结合，以增强产品视觉层次。贴合皮肤处采用软胶，以提高佩戴的舒适性。

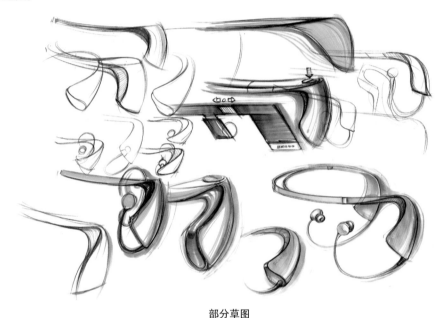

部分草图

3. 结构性草图

　　在绘制佩戴式产品方案草图时，与人物草图相结合，可以更直观地呈现整个设计的意图。在这里需要学会用简单的方法去画草图，用标准人物模型作为绘图蓝底，以减少尺寸误差。下面为3个设计草图方案，除了侧视图以外，还需要将产品的细节图和结构图绘制出来，进一步说明产品设计草图的可行性。

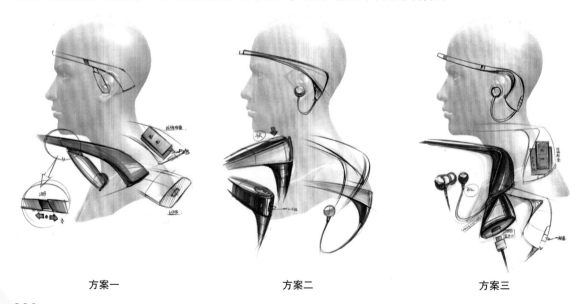

方案一　　　　　　　　　　　　方案二　　　　　　　　　　　　方案三

4. 最终效果草图

　　最终选定草图方案三，通过将零件堆叠后置以增加稳定性，与耳郭贴合处采取凹面处理，既满足佩戴的舒适度，也增添了细节的可塑性。

整体造型： 从侧视图出发，通过量化后的草图，合理地提取了主要构成产品大概外形的线条。

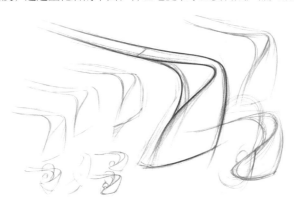

细节推敲： 通过仿生学的设计，参考鲸鱼腹部线条纹理，进行重新设计后，作为耳机切面的防滑肌理纹路，使细节与整体呼应，达到极具科技感的视觉效果。

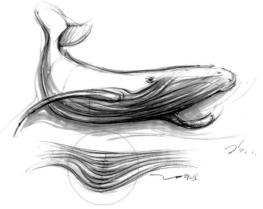

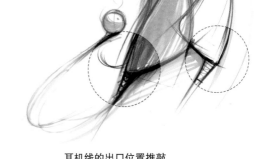

防滑纹理　　　　　　　　　　　　　　耳机线的出口位置推敲

最终效果草图：通过前面对整体造型及细节的推敲，将人机交互、结构、造型、细节等都考虑进去，确定了最终效果草图，为后续建模阶段提供参考。

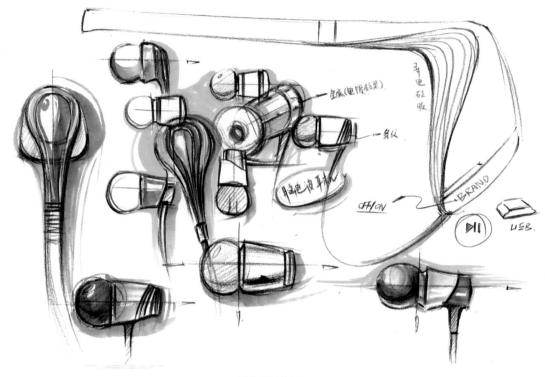

最终效果草图

8.2.3 设计建模阶段

使用Rhino三维建模软件深化设计方案。将选定后的草图方案，用软件生成立体模型。为了减少设计上的误差，将内部元器件导入模型中，同时需要用标准的人物头像模型作为参考，以确保模型文件的尺寸、结构功能得到恰当处理。

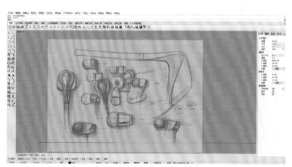

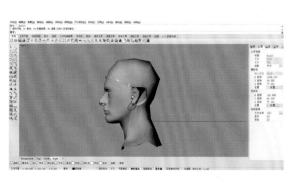

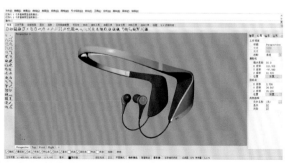

三维模型建模

8.2.4 设计效果图提案阶段

设计诠释

● 构建产品中的点、线、面，使其得到完美呈现。

● 功能与形式达到最优化处理。

● 动态的三维肌理扩散纹路。

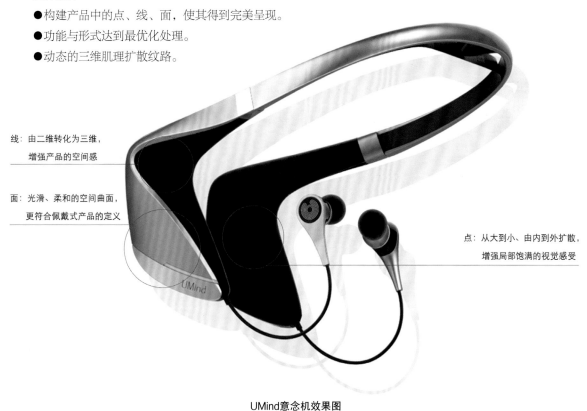

线：由二维转化为三维，
增强产品的空间感

面：光滑、柔和的空间曲面，
更符合佩戴式产品的定义

点：从大到小、由内到外扩散，
增强局部饱满的视觉感受

UMind意念机效果图

8.2.5 外观手板与结构验证阶段

方案被客户选中后，需要制作外观手板来检测方案是否可行，经过几次的外观调整后，开始结构设计阶段。在此阶段，结构工程师需要与设计师及客户进行紧密沟通，以确保产品达到量产标准。

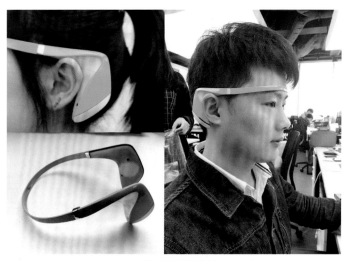

结构手板试戴验证

8.2.6 产品成功上市

　　最终UMind意念机在"京东众筹"成功上市，成为全球首款量产消费级意念机，目前UMind意念机已在智能佩戴式产品领域获得广泛关注，并获得2016年第18届中国国际高交会优秀产品奖、2016年全球移动游戏年度大奖天府奖——最佳游戏硬件奖等殊荣。

产品实物图

09

案例欣赏

本章属于本书的延伸，分为师法自然灵感草图与科幻概念产品案例欣赏两部分，目的是使设计者们更好地巩固手绘技法，并回归到最终的设计。通过师法自然的设计灵感，来创造原创的设计作品。

通过师法自然的手绘练习，一是有助于提高设计师对手绘线条的把控能力，二是通过绘制动物的形态，能够使设计师更容易提炼出设计元素，有助于设计师加强对造型设计的理解与提升。

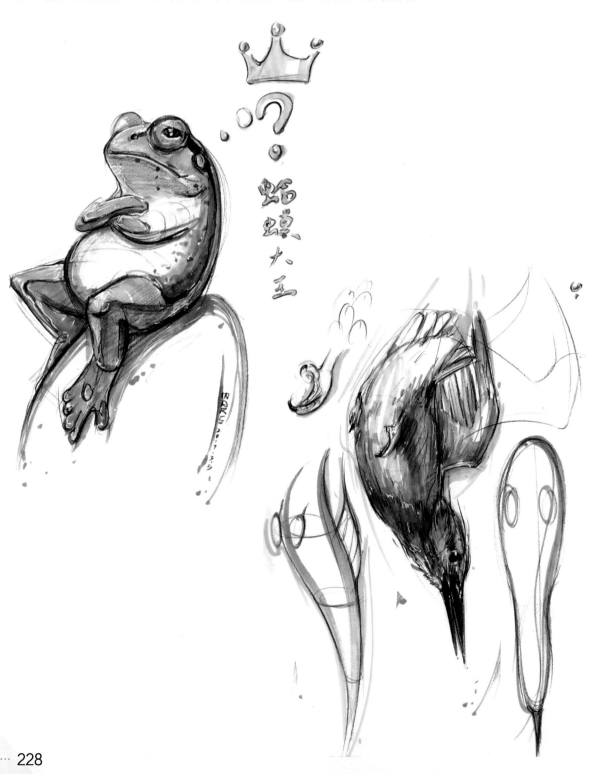

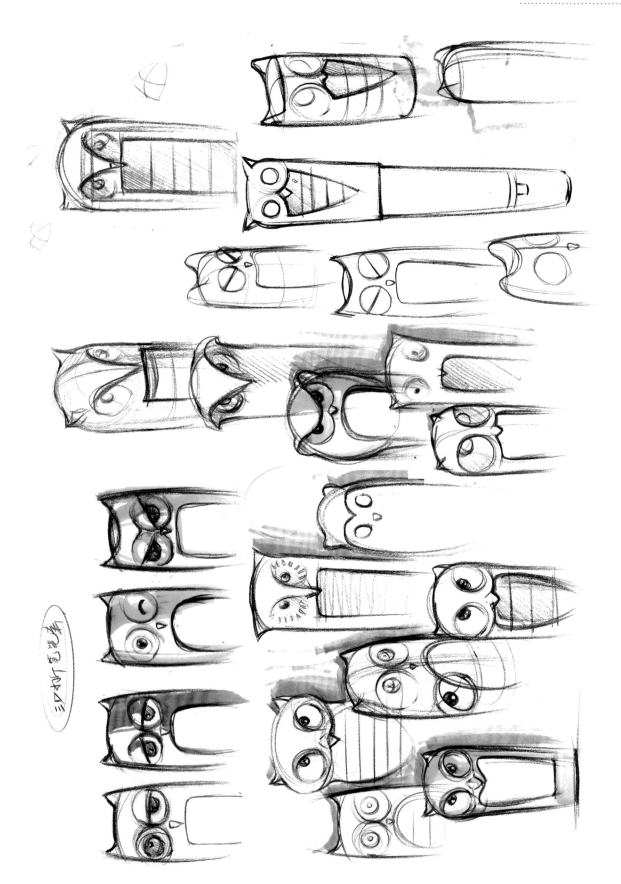

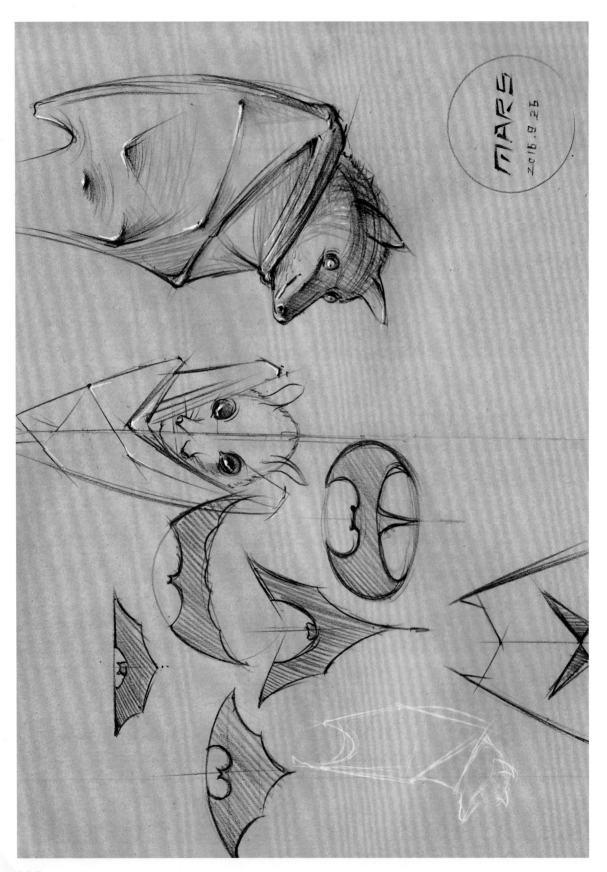

9.2 科幻概念产品案例欣赏

下面主要是对前面所学知识的延伸，内容都是较为复杂的形体，提供了线稿与上色稿对比图，供大家清晰地了解线稿与上色稿不同风格的体现。

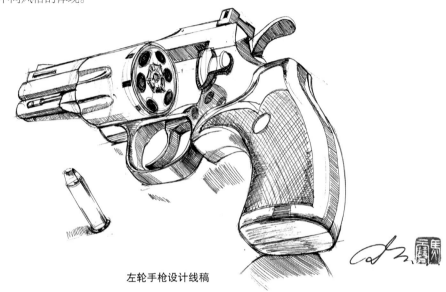

左轮手枪设计线稿

左轮手枪设计上色稿

《变形金刚》"擎天柱"角色设计线稿

《变形金刚》"擎天柱"角色设计上色稿

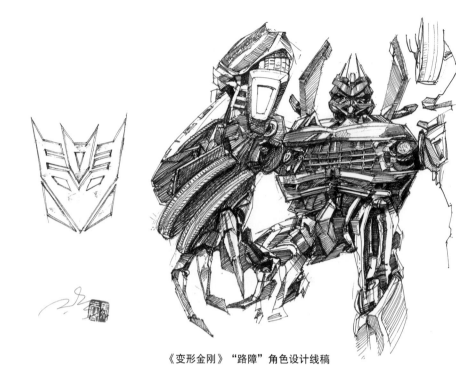

《变形金刚》"路障"角色设计线稿

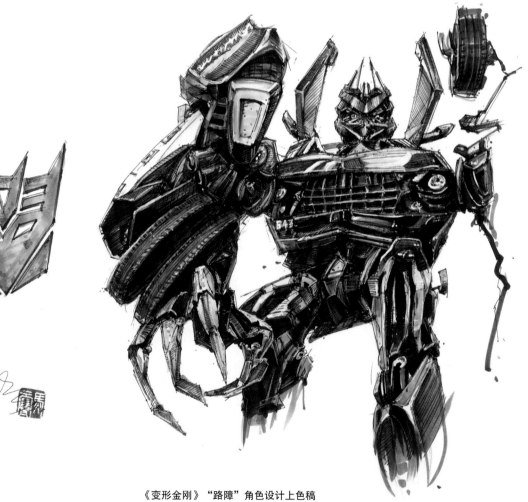

《变形金刚》"路障"角色设计上色稿

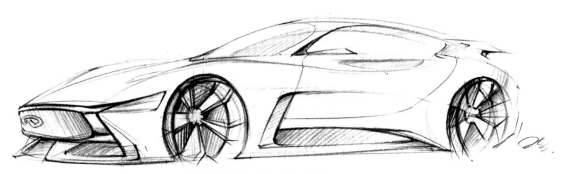

英菲尼迪概念超级跑车设计线稿

英菲尼迪概念超级跑车设计上色稿

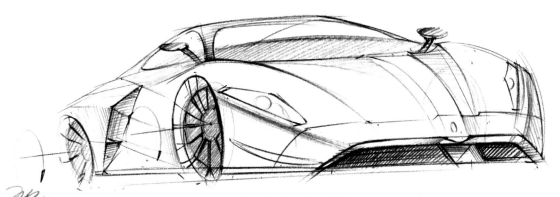

概念超级跑车设计线稿

概念超级跑车设计上色稿

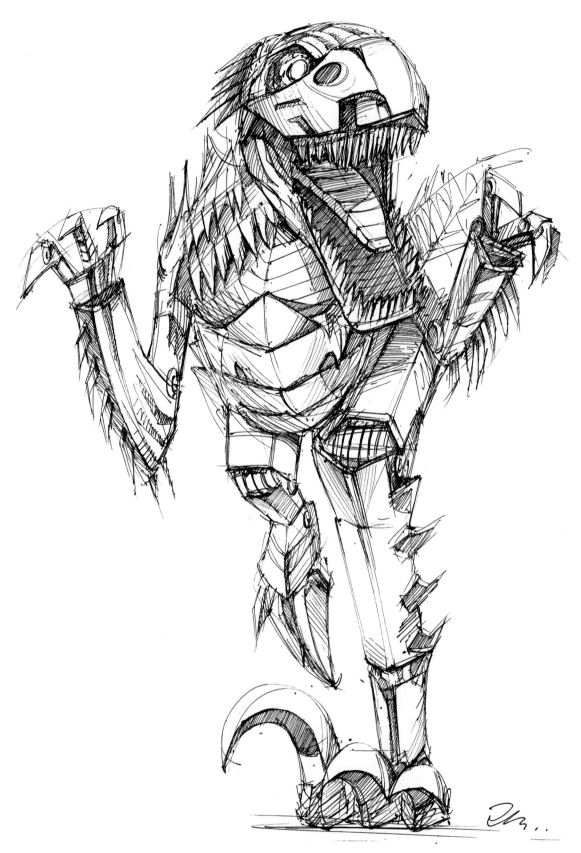

霸王龙设计线稿

霸王龙设计上色稿

后记

　　在编写这本手绘教程的同时，我也在进行手绘教学与设计工作，为的是不断接受更新的设计思维指导和改良手绘技法，探索最合适的手绘教学方式。从起笔到截稿经过了两年多的时间，不断地完善内容，最终完成了本书的编写工作，这是为了让更多的工业设计爱好者学习到正确的手绘方法。初学者可将此书作为工业设计引导类图书，大家在学习后不但能掌握手绘技法，还能够真正全面了解上市产品的设计流程。从业者可通过本书中的内容探讨更深层次的原创设计法则。

　　工业设计手绘不是"纸上谈兵"，不是随便在纸上画画概念草图，马上就可以开模生产上市。它在前期需要通过理性、感性的思考和分析，将手绘稿一步步地进行推敲、筛选，最终得出最佳的设计方案。希望此书能够为工业产品设计手绘教育事业添砖加瓦。

2017年4月21日于深圳